U0180928

网页设计与制作

WANGYE SHEJI YU ZHIZUO

甘茂华　罗力文◆编　著

重庆大学出版社

内容提要

本书从简洁实用的角度出发,详细讲解了:网页设计基础,Dreamweaver CC 基础,添加和编辑网页内容,超链接的创建与设置,网页版面布局,CSS 层叠样式表,JavaScript,页面表单等内容,力求让读者掌握 Dreamweaver CC 的基本操作,能设计制作出符合要求的网页。

本书浅显易懂,指导性强,适合网页设计与制作的初学者,也适合有一定 Dreamweaver 应用基础和具有一定网页设计经验的读者。此外,本书也可以作为高等院校、大专院校网页设计课程的教材以及相关领域人员网页设计入门培训教材。

图书在版编目(CIP)数据

网页设计与制作/甘茂华,罗力文编著.--重庆:
重庆大学出版社,2022.4
ISBN 978-7-5689-2806-9

Ⅰ.①网… Ⅱ.①甘…②罗… Ⅲ.①网页制作工具
Ⅳ.①TP393.092

中国版本图书馆 CIP 数据核字(2021)第 148184 号

网页设计与制作

甘茂华 罗力文 编著
策划编辑:鲁 黎
责任编辑:文 鹏 版式设计:鲁 黎
责任校对:刘志刚 责任印制:张 策

*

重庆大学出版社出版发行
出版人:饶帮华
社址:重庆市沙坪坝区大学城西路 21 号
邮编:401331
电话:(023)88617190 88617185(中小学)
传真:(023)88617186 88617166
网址:http://www.cqup.com.cn
邮箱:fxk@ cqup.com.cn(营销中心)
全国新华书店经销
重庆华林天美印务有限公司印刷

*

开本:787mm×1092mm 1/16 印张:10.75 字数:251 千
2022 年 4 月第 1 版 2022 年 4 月第 1 次印刷
ISBN 978-7-5689-2806-9 定价:39.00 元

前　言

网络技术、计算机技术、人工智能技术等的高速发展改变了人们的学习方式、工作方式及生活方式。网页也成为人们之间互相联系的重要纽带。所以，网页设计与制作成为现代大学生的必备技能。

Dreamweaver CC 是一款由 Adobe 公司开发的专业编辑软件，主要用于 Web 站点、Web 页面和 Web 应用程序的设计、编码和开发。使用 Dreamweaver CC 的可视化编辑功能可以快速地创建页面。本书以 Dreamweaver CC 2019 为基础，介绍了网页设计基础，页面内容添加及编辑，超级链接创建与设置，网页版面布局技术，CSS 层叠样式表，JavaScript 基础及网页表单的基础操作等内容。本书实用性强，浅显易懂，可供网页设计入门教学、培训、自学等使用。

本书作者长期从事网页设计与制作的教学及应用工作，对网页设计有着较为深刻的了解和丰富的教学经验。本书的编写突出了以下特点：

（1）内容具有代表性。本书结合网页设计的基本需要和标准而编写，内容简洁，指导性强。

（2）详略得当，内容丰富。本书内容由浅入深、循序渐进，涵盖了 HTML5、CSS、Dreamweaver CC 2019 等基础知识，适合快速入门。

（3）理论与实际相结合，书中穿插大量实例，可帮助读者快速学习制作网页。

本书由四川外国语大学甘茂华、罗力文编著，其中第 1、2、3、4 章由甘茂华编写，第 5、6、7、8 章由罗力文编写。本书在编写过程中，得到了许多同仁的帮助与支持，在此向他们表示真诚的谢意！

由于编者水平有限，加之时间仓促，书中难免存在疏漏之处，敬请广大读者批评指正！

编　者

2022 年 1 月

目　录

第1章 网页设计基础

在进行网页设计之前,必须先了解其相关概念、专业术语,这样更容易理解网页的结构组成以及网页设计到底需要哪些技术及流程。

1.1 网页设计基础

1.1.1 初识网页

网页是被保存在世界上某个角落的某一台计算机中的一个文件,且这台计算机必须和互联网连接。用户在浏览器地址栏中输入网址后,网页文件就被传送到用户的计算机中,浏览器对传送过来的网页内容进行解释,这样网页内容就展示在用户眼前了。网页是构成网站的基本元素,是承载各种网站应用的平台。也就是说,网站就是由网页构成的,如果用户只有域名而没有制作任何网页的话,用户的网站就无法被访问。

在浏览器的地址栏中输入网易官网的网址,就可以打开网易的网站主页,如图1.1所示。在网页上单击鼠标右键,选择"查看源文件",就可以查看网页的实际内容,如图1.2所示。

图1.1 输入网易网址打开网站主页

我们发现网页实际上是一个文本文档,它通过各种标记对页面上的图片、文字、表格、声音等元素进行描述,浏览器的作用就是将这些标记进行解释并生成页面,以供用户浏览。为什么在源文件中看不到任何图片和动画呢?因为网页文件中存放的只是图片的链接位置,而图片文件和网页文件是互相独立存放的,它们甚至可以存放在不同的计算机上。

```
1  <!DOCTYPE html>
2  <html lang="zh-CN" dir="ltr">
3  <head>
4    <title>昨日外战：中国队1分险胜巴林队；今日内战：CBA夏季联赛提对阵杀_腾讯新闻</title>
5    <meta name="keywords" content="昨日外战：中国队1分险胜巴林队；今日内战：CBA夏季联赛提对阵杀,巴林队,中国队,cba夏季联赛,青岛队,">
6    <meta name="description" content="【摘总】雅加达】诱晚，男篮亚洲杯上中国男篮迎战巴林队，在上半场，赵睿翔�
7    <meta name="apub:time" content="7/19/2022, 4:23:32 PM">
8    <meta name="apub:from" content="default">
9    <meta http-equiv="X-UA-Compatible" content="IE=Edge">
10   <link rel="stylesheet" href="//mat1.gtimg.com/qqcdn/qqcdc/css/index.css" />
11   <!--[if lte IE 8]><meta http-equiv="refresh" content="0; url="upgrade.htm"><![endif]-->
12   <!-- <meta name="sogou_site_verification" content="GYWy6abv/s"/> -->
13   <meta name="baidu-site-verification" content="jJol3SX7pP"/>
14   <link rel="shortcut icon" href="//mat1.gtimg.com/www/icon/favicon2.ico" />
15
16   <script src="//js.aq.qq.com/js/aq_common.js"></script>
17   <script>
18     // 判断如果是动态底层不加载此JS逻辑 2020/1/19 -2
19     if(location.href.indexOf('rain') === -1){
20       (function(){
21         var bp = document.createElement('script'),
22         var curProtocol = window.location.protocol.split(':')[0];
23         if (curProtocol === 'https') {
24           bp.src = 'https://zz.bdstatic.com/linksubmit/push.js';
25         }
26         else {
27           bp.src = 'http://push.zhanshang.baidu.com/push.js';
28         }
29         var s = document.getElementsByTagName("script")[0];
30         s.parentNode.insertBefore(bp, s);
31       })();
32     }
33   </script>
34   <script src="//mat1.gtimg.com/pingjs/ext2020/config2017/5df5e3b3.js" charset="utf-8"></script>
35   <script src="//mat1.gtimg.com/pingjs/ext2020/config2017/5a978a31.js" charset="utf-8"></script>
36   <script src="//vm.gtimg.cn/tencentvideo/script/3.4.0/universal-report.min.js"></script>
37   <script>window.conf_dcom = apub_5a978a31 </script>
38     <script>window.DATA = {
```

图 1.2　查看源文件

文字和图像是构成网页的两个最基本的元素。除此之外,网页元素还包括表单、Logo、导航、动画、广告、脚本程序等。

表单是网页中经常用到的元素,是网页交互中的重要组成部分之一。比如网页中的登录框、搜索框、用户注册等都是表单元素。网页中的表单是用来收集用户信息、帮助用户进行功能性控制的元素,常用来联系数据库并接受访问用户在浏览器端输入的数据。利用服务器的数据库可为客户端与服务器端提供更多的互动。

文本是网页上最重要的信息载体和交流工具,网页中的主要信息一般以文本形式呈现。

图像元素在网页中具有提供信息并展示直观形象的作用。图像一般分为静态图像和动画图像。静态图像在页面中可以是光栅图像或矢量图形,通常为 GIF、JPEG、PNG、SVG等。动画图像通常为 GIF 或 SVG。

Logo 一般作为网站或公司的标志,是最能抓住人心的重要元素。

导航是网页设计中必不可少的元素之一,它是网页中的一组超链接,可以跳转到各个终端页面。导航条的设计应该引人注目,导航分类和链接应该精准而清晰。

网页可以分为静态网页和动态网页。静态网页的内容是预先确定的,并存储在 Web服务器或者本地计算机/服务器上,它主要有下面几个特点:

①制作速度快、成本低。

②网页内容是固定不变的,不容易修改、更新。

③没有后台数据库,不可交互。

④通常用于文本和图像组成,常用于子页面的内容介绍。

⑤对服务器性能要求较低,但对存储压力相对较大。

动态网页是指依据存储在数据库中的数据而创建的页面。动态网页不是指网页上的各种动画、滚动字幕等动态效果,而是利用动态网站生产技术生成的网页。其主要特点有下面几点:

①动态网页采用了数据库技术,可以根据用户提交的不同信息动态生成新的页面,便

于维护。

②动态网页可以用很少的页面实现更多的功能,大大节省了服务器中的资源。

③动态网页实际上并不是独立存在于服务器上的网页文件,只有当用户请求时,服务器才返回一个完整的网页。

④动态网页受网络应用程序控制。

⑤动态网页常用扩展名有.asp,.aspx,.php 等。

1.1.2　认识 HTML 语言

HTML 是超文本标记语言(Hyper Text Markup Language),是目前网络中应用最广泛的语言之一,也是构成网页文档的主要语言。HTML 是网络的通用语言,是一种简单的标记语言。包括使用动态网页技术的页面在内,几乎所有的网页都是使用或部分使用 HTML 语言编写的。HTML 包括一系列标签,通过这些标签可以将网络上的文档格式统一,使分散的 Internet 资源链接为一个逻辑整体。HTML 文本是由 HTML 命令组成的描述性文本,HTML 命令可以说明文字、图形、动画、声音、表格、超链接等。超文本是一种组织信息的方式,它通过超级链接的方法将文本中的文字、图形等与其他信息媒体相关联。这些相互关联的信息媒体可能在统一文本中,也可能是其他文件,或是地理位置相距遥远的某台计算机上的文件。这种组织信息方式将分布在不同位置的信息资源用随机方式进行连接,为检索信息提供方便。

HTML 是由 Web 的发明者 Tim Berners-Lee 和同事 Daniel W. Connolly 于 1990 年创立的一种标记语言,它是标准通用化标记语言 SGML 的应用。用 HTML 编写的超文本文档称为 HTML 文档,它能独立于各种操作系统平台(如 UNIX,Windows 等)。使用 HTML 语言,可将所需要表达的信息按某种规则写成 HTML 文件,通过专用的浏览器来识别,并将这些 HTML 文件"翻译"成可以识别的信息,即现在所见到的网页。自 1990 年以来,HTML 就一直被用作 WWW 的信息表示语言,使用 HTML 语言描述的文件需要通过 WWW 浏览器显示出效果。HTML 是一种建立网页文件的语言,通过标记式的指令(Tag),将影像、声音、图片、文字动画、影视等内容显示出来。事实上,每一个 HTML 文档都是一种静态的网页文件,这个文件包含了 HTML 指令代码。这些指令代码并不是一种程序语言,只是一种排版网页中资料显示位置的标记结构语言,易学易懂,非常简单。HTML 的普遍应用就是超文本——通过单击鼠标从一个主题跳转到另一个主题,从一个页面跳转到另一个页面,与世界各地主机的文件链接超文本传输协议规定了浏览器在运行 HTML 文档时所遵循的规则和进行的操作。HTTP 协议的制定使浏览器在运行超文本时有了统一的规则和标准。HTML 是一种描述语言,而不是一种编程语言,主要用于描述超文本中内容的显示方式。标记语言从诞生至今,已经历过如下版本:

①HTML 1.0:1993 年 6 月作为互联网工程工作小组(IETF)工作草案发布。

②HTML 2.0:1995 年作为 RFC 1866 发布,于 2000 年 6 月发布之后被宣布已经过时。

③HTML 3.2:1997 年,W3C 推荐标准。

④HTML 4.0:1997 年,W3C 推荐标准。

⑤HTML 4.01:1999 年,W3C 推荐标准。

⑥ISO HTML:2000 年,基于严格的 HTML4.01 语法,是国际标准化组织和国际电工委员会的标准。

⑦XHTML1.0:2000 年,W3C 推荐标准(修订后于 2008 年重新发布)。

⑧XHTML1.1:2001 年,较 1.0 有微小改进。

⑨HTML 5:2014 年,W3C 宣布 HTML5 标准制定完成并发布。

HTML 在 Web 迅猛发展的过程中起着重要作用,有着重要的地位。但随着网络应用的深入,特别是电子商务的应用,HTML 过于简单的缺陷很快凸现出来:HTML 不可扩展;HTML 不允许应用程序开发者为具体的应用环境自定义标记;HTML 只能用于信息显示;HTML 可以设置文本和图片显示方式,但没有语义结构,即 HTML 显示数据是按照布局而非语义。随着网络应用的发展,各行业对信息有着不同的需求,这些不同类型的信息未必都是以网页的形式显示出来的。例如,当通过搜索引擎进行数据搜索时,按照语义而非按照布局来显示数据会具有更多的优点。

HTML5 是公认的下一代 Web 语言,极大地提升了 Web 在富媒体、富内容和富应用等方面的能力,被誉为终将改变移动互联网的重要推手。

1.1.3　HTML5 的文档结构

HTML5 是一种用来描述网页的语言。一个完整的 HTML 文档是由头部和主体两个部分组成的。头部主要用来定义网页标题和样式等,主体内容包含了要显示的信息,比如下面这段代码:

```
<! doctype html>
<html>
<head>
<meta charset=" utf-8 ">
<title>My first web</title>
</head>
<body>
我就只有一页!
</body>
</html>
```

从以上代码可以看到,一个 HTML5 文档包含下面几个基本要素:

①doctype 声明了文档类型,该声明必须放在 HTML5 文档的第一行。在 HTML5 中,文档的类型定义做了大大的简化,只需要<! doctype html>这样一句简单的语句就实现了,没有结束标签。

②<html>与</html>是网页上文档的开始和结束语句,其余的 HTML 标签都必须放在<html>与</html>之间。

③<head>与</head>标签用于定义文档的头部,它是所有头部元素的容器。比如引用脚本,元信息、指示浏览器在哪里找到样式表等信息。

④<title>与</title>定义文档的标题,网页预览或发布后,该标题会显示在浏览器窗口的标题栏或状态栏上。如果把文档加入用户的链接列表、收藏夹或书签列表时,标题将成为该文档链接的默认名称。

⑤<body>与</body>定义文档的主体,包含文档的所有内容,比如文本、超链接、图像、表格、表单和列表等。

注意:HTML5 标签不区分大小写。

1.1.4　HTML5 基本语法

1)标记语法

标记是指 HTML 用来描述功能的符号,通常分为单标记和双标记两种类型。单标记又称为空标记,是指用一个标记符号即可完整地描述某个功能的标记,单标记没有结束标记。

空标记基本语法:

<标记名称>

常用的单标记有:

①<hr>水平线标记。此标记可以创建横跨网页的水平线。

②
换行标记。在 HTML 中,一行文字想手动换行的话,敲回车键不起作用,需要插入一个
标记来完成换行。如果希望某段文本强制换行显示,就需要使用换行标记
,这时直接敲回车键就不起作用了。

③<img>图像标记。HTML 网页中任何元素的实现都要依靠 HTML 标记,要想在网页中显示图像就需要使用图像标记<img>。

双标记由开始标记和结束标记组成,它们必须成对使用。

双标记基本语法:

<标记名称>网页内容</标记名称>

<标记名称>是一个标签的开始标记,</标记名称>是一个标签的结束标记,它们必须成对出现。比如:

<p>这是一个段落</p>

这里的<p>就是段落标签的开始标记,</p>则是结束标记。

标记可以嵌套使用,但是不能交叉嵌套,比如下面的标签使用就是错误的:

<p><h1>这是一个段落</p></h1>

正确的嵌套方法应该是成对嵌套,中间的标签需要满足就近配对原则进行嵌套,上面的标签嵌套正确方法应该是:

```
<p><h1>这是一个段落</h1></p>
```

从开始标记(start tag)到结束标记(end tag)的所有代码称为元素。

2) 属性语法

HTML 属性一般都出现在 HTML 标签中,HTML 属性是 HTML 标签的一部分,标签可以用属性来为元素添加其他的格式信息。属性的值一般要用双引号引起来。标签可以有多个属性,属性由属性名和属性值组成。

我们在网页中添加一个一级标题文本,代码如下:

```
<h1>这是一级标题</h1>
```

在浏览器中预览,页面就会出现图 1.3 所示的文字:

这是一级标题

图 1.3　一级标题

对<h1>进行属性设置如下:

```
<h1 align="center" style="background-color:#B3AEAE">这是一级标题</h1>
```

这是一级标题

图 1.4　居中对齐的一级标题

在 HTML5 中,部分标签属性的属性值可以省略,比如:

```
<input checked type="checkbox" />
<input readonly type="text"/>
```

其中,checked 为 checked="checked"的省略形式,readonly 为 readonly="readonly"的省略形式。

1.1.5　HTML 注释

在 HTML 源代码中,可以加入注释标签来对该段代码进行解释说明。注释会被浏览器忽略,不会出现在浏览器中。注释有利于其他人阅读代码,也方便自己后期维护。

注释基本语法:

```
<! -- 注释内容 -->
```

语法说明:

在左括号后需要写一个感叹号,右括号前不需要感叹号,如图 1.5 所示。

```
<!--这里开始是网页主体部分-->
```

图 1.5　注释

1.2　网页色彩搭配技巧

网页想要做得漂亮美观、引人注目,色彩搭配非常重要。设计网页时,应根据和谐、均衡、重点突出的原则,将不同颜色组合、搭配,以构成赏心悦目的网页。因此,网页设计需要掌握一些基础的色彩知识,才能设计出配色美观、合理的精美网页。

1.2.1　色彩的基础知识

色彩搭配是网页设计中的重要环节。浏览者浏览网页时首先看到的就是网页的整体色彩。网页上,以英文单词表示的颜色共有 17 种,如黄色"yellow",红色"red",绿色"green"等。但对于网页设计来说,这 17 种颜色不足以表现网站的宣传特色,用户还可以使用 RGB 值来调配自然界中的各种颜色。

色彩分为彩色和无彩色两类。无彩色是指黑、白、灰系统色,彩色是指除了非彩色以外的所有色彩。计算机显示器的颜色显示中,RGB 表示红色、绿色、蓝色,又称为三原色,英文为 R(Red)、G(Green)、B(Blue)。这三种颜色的数值都是 255。在 RGB 模式下,每种 RGB 值都可以设置为 0(黑色)到 255(白色)的值。例如,亮红色的使用数值为"R:255,G:0,B:0",其十六进制表示为 FF0000。当 RGB 的值都为 255 时,显示的颜色为纯白色;如果 RGB 三者的值都为 0,则最终显示为纯黑色。任何颜色都有饱和度和透明度属性,属性的数值编号可以产生不同的色相,所以色彩的变化是无穷尽的。

色彩的色相、明度、纯度称为色彩的三要素。

● 色相:色彩的相貌,是区别色彩种类的名称,如红、橙、黄、绿、青、蓝、紫等,这些都是具体的每一个色相。

● 明度:色彩的明暗程度,即色彩的深浅度。如无彩色系中,白色的明度最高,黑色的明度最低,灰色居中。在有彩色系中,任何一色都可以通过加白和黑得到一系列有明度变化的色彩。

● 纯度:色彩的纯净程度,也可以说是鲜艳程度。有彩色的各种色都具有纯度值,无彩色的纯度值为 0。对于有彩色的色彩纯度,纯度的高低是根据各种色中含有的灰色程度来计算的。

1.2.2　网页配色技巧

网页设计必须要高度重视色彩的搭配。好的色彩搭配更能体现出网站的特色和风格,表现其主题。网页中的色彩包括网页的背景色、文字颜色、图片的颜色等。不同的色系表达不同的风格,比如红色代表热情、奔放、喜悦、庄严。黄色代表高贵、富有、灿烂、活泼。黑色代表严肃、沉着。白色代表纯洁、简单、洁净。蓝色代表科技、清爽。绿色代表生命、生机。灰色代表庄重、沉稳。紫色代表浪漫、富贵等。

1）确定网站基调

网站色彩设计的第一步是选择网站的基色彩,也就是网站的标准色彩。标准色彩是指体现网站形象和内涵的色彩。一个网站的标准色彩不能超过三种,颜色太多会显得杂乱无章,主题不明。网页标准色主要有蓝色、黑白灰色、橙色三大系列色。标准色主要用于网站的标题、LOGO、主色块和主菜单,使整个页面基调统一。

2）背景与文字颜色搭配

网页背景色和文字前景色对比要突出,底色深,文字的颜色就要浅,以深色的背景突出浅色的文字或图片;底色浅,那么文字的颜色就要用深色。背景色一般采用干净素雅的色彩,避免采用花纹复杂的图片和纯度较高的色彩作为网页背景。

3）配色规则

在进行色彩搭配时,一般应遵循下面几个原则:

(1)鲜明性:网页的色彩要鲜艳,引人注目。

(2)独特性:要有与众不同的色彩,给浏览者产生强烈的印象。

(3)合适性:色彩和表达的内容要适合。

(4)联想性:不同色彩产生不同的联想,比如黑色会让人想到黑夜,红色会让人想到喜庆,蓝色会让人想到天空大海等,选择色彩要和网页的内容相关联。

1.3　网站设计流程

网页设计是一项比较复杂的系统工程,因此必须遵循一定的设计流程,这样才能有条不紊地进行网页设计工作,减少工作量,提升工作效率,最终制作出更好、更合理的网站。

1.3.1　了解需求

网站建设需要分析该网站的用户对网站的需求,需要网站提供哪些服务。如果用户的需求比较多的话,要帮用户梳理服务的侧重点是什么,并和用户反复讨论确认最终需要解决的需求问题。在做需求分析时,还需要分析是否有同类网站提供同类的服务,如果已有类似网站,则需要分析该网站的优点和不足,从而提炼出精准的网站服务功能。

1.3.2　规划网站

确立了网站建设的需求后,就需要对网站的站点结构进行规划。合理的网站结构有利于网站的访问者快速找到需要的服务及资源,提升网站的有用性和可用性。

比如,规划一个企业网站,必须了解企业网站需要为用户提供什么,以及用户需要什么。确定了企业可以提供的资料后,就可以根据资料制作企业网站的站点结构图。

1.3.3 搜集资料

确定网站的站点结构后,就需要着手准备网站建设所需要的资源了。网站建设需要的资源主要有文字资料、图像资料、音视频资源等。充分的资源可以使网站资源更加丰富,并且在设计时更加得心应手。

1.3.4 设计制作网页

完成了整个站点结构规划和资料搜集后,就可以开始设计制作网页了。可以先用图形图像处理软件进行界面设计,设计时注意素材的选择以及色彩的搭配。界面设计确认没问题后,就可以开始制作网页了。

1.3.5 发布网站

网站制作完成后,需要将做好的网站发布到互联网中供用户访问浏览。发布网站之前,需要申请域名及服务器空间。准备工作做好后,就可以发布网站了。

1.3.6 后期维护

网站设计不是一次性工作,发布完成后,还需要在反复使用和测试中发现不足,并进行不断修改和完善。

第 2 章　Dreamweaver CC 基础

  Dreamweaver CC 是 Adobe 公司研发的网站设计与开发工具,它提供了强大的可视化布局工具、应用开发功能和代码编辑支持,使网站设计和开发变得更加快捷、简易。本章主要介绍 Dreamweaver CC 的安装、启动及其使用方法。

2.1　Dreamweaver CC 概述

  Adobe Dreamweaver 是面向 Web 设计人员和前端开发人员的工具。它将功能强大的设计界面和一流的代码编辑器,以及强大的站点管理工具相结合,使用户能够轻松设计、编码和管理网站。

  Adobe 现已于 2020 年 10 月推出了 21.0 版本。新版本改进了与最新操作系统版本(MacOS 和 Windows)的兼容性并修复了多项错误。此外,在 Dreamweaver 21.0 版本中以下工作流已停用,见表 2.1。

表 2.1　已停用部分 API

API definition	API definition
dom.optimizeImage( )	dom.doBrightnessContrast( )
dom.IsImageLocked( )	dom.canResample( )
dom.doResample( )	dom.canSharpenUp( )
dom.doSharpenUp( )	dom.canSharpenUp( )
dom.doSharpenDown( )	dom.canSharpenDown( )
dom.canSharpen( )	dom.setSharpness( )
dom.startCropping( )	dom.uncropImage( )
dom.canManipulateImage( )	dom.cropImage( )
dom.unsetContrastAndBrightness( )	dom.setContrastAndBrightness( )
dom.resampleGraphic( )	dreamweaver.resolveOriginalAssetFileURLToAbsoluteLocalFilePath( )
dreamweaver.getSmartObjectOriginalWidth( )	dreamweaver.getSmartObjectOriginalHeight( )
dreamweaver.getImageWidth( )	dreamweaver.getImageHeight( )
dreamweaver.optimizeImage( )	dreamweaver.getImageManipulatorDebugData( )
dreamweaver.updateSmartObjectFromOriginal( )	dreamweaver.fireworksCheckout( )

Dreamweaver CC 经过不断重新设计,除了外观有所改变之外,还增加了一些新功能,让网页开发人员能更快地生成简洁有效的网页。Dreamweaver CC 主要具有的新功能有:

①经过重新设计的代码编辑器:为 Dreamweaver 中的代码编辑器提供了若干可提高工作效率的增强功能,使用户可以快速且高效地完成编码任务。代码提示可帮助新用户了解 HTML、CSS 和其他 Web 标准,自动缩进、代码着色和可调整大小的字体等视觉辅助功能可帮助减少错误,使代码更易于阅读。

②CSS 预处理器支持:可将用预处理语言编写的代码编译到最熟悉的 CSS 中。预处理语言可将 CSS 提升到更接近编程语言的级别。具体来说,预处理器允许用户使用变量、组合单元、函数以及许多其他在 CSS 中无法使用的方法。通过 CSS 预处理器,用户只需定义所有内容一次,然后即可反复使用它们,从而产生可维护、可主题化、可扩展的 CSS。Dreamweaver 支持最常用的 CSS 预处理器:Sass 和 Less,Dreamweaver 也支持用于编译 Sass 文件的 Compass 和 Bourbon 框架。Less 是基于 JavaScript 的,Sass 是基于 Ruby 的,但是用户不必了解这两种语言的任何知识,也不必使用命令行将文件编译为 CSS。当用户加载、编辑或保存这些文件时,Dreamweaver 会使用 less.js JavaScript 库将这些文件自动编译为 CSS。

③在浏览器中实时预览:无需手动刷新浏览器,即可在浏览器中快速地实时预览代码更改。现在,Dreamweaver 会与用户的浏览器连接,因此无需重新加载页面,即可立即在浏览器中显示代码更改。

④快速编辑相关代码文件(快速编辑):如需快速更改代码,请将光标放在特定代码片段上并使用上下文菜单,或按组合键“Ctrl+E”(在 Windows 上)或“Cmd+E”(在 Mac 上),即可打开“快速编辑”功能。Dreamweaver 会显示适用于特定上下文的代码选项和内嵌工具。

⑤与上下文相关的 CSS 文档(快捷文档):Dreamweaver 会在“代码”视图中为 CSS 属性提供与上下文相关的文档。用户不用离开 Dreamweaver 外部并访问网页即可了解或查阅 CSS 属性。如需显示 CSS 帮助,请按组合键“Ctrl+K”(在 Windows 上)或“Cmd+K”(在 Mac 上)。

⑥利用多个光标编写和编辑代码:如需同时编写多行代码,用户可以使用多个光标。此功能可以大大提高工作效率,因为用户不必多次编写同一行代码。

- 如需在连续的多行内添加光标,请按住 Alt 键,然后单击鼠标右键并垂直拖动。
- 如需在不连续的多个行内添加光标,请按住 Ctrl 键,然后单击各个要放置光标的行。
- 如需在连续的多行中选中文本,请按住 Alt 键并沿对角线方向拖动。
- 如需在不连续的多行中选中文本,请先选中部分文本,然后按住 Ctrl 键(Windows 系统)或 Cmd 键(Mac 系统),再继续选中其余文本。

⑦现代化的用户界面:Dreamweaver 具备更直观的可自定义界面、更易于访问的菜单和面板,以及仅会为用户显示所需工具的、与上下文相关的可配置工具栏。该界面还提供从浅色到深色的四级对比度,因此用户可以更加轻松地阅读和编辑代码行。

⑧菜单、工作区和工具栏的变化:添加了开发人员工作区和标准工作区两个默认工作区。

⑨"代码片段"面板的变化：外观变得更为简洁，还简化了代码片段的插入流程。

⑩"文件"面板的变化：面板变得更加简洁、更易于使用。

⑪"查找和替换"的实时高亮显示：全新的无干扰式"查找和替换"工具栏位于窗口顶部，不会阻挡屏幕的任何部分。

⑫Creative Cloud Libraries 的增强功能：可以对存储在 Creative Cloud 中的所有资源（包括 Creative Cloud 库中的文件，使用 CC 桌面产品创建的资源以及移动项目）进行归档和还原，并可以添加注释和查看版本历史记录。

⑬发生崩溃后自动恢复文件：如果 Dreamweaver 因系统错误、停电或其他问题而意外关闭，用户可以恢复对编辑中的文件所做的所有未保存更改。

2.2 Dreamweaver CC 安装与启动

Dreamweaver CC 需要从 Creative Cloud 应用程序目录下载，下载时需要使用 Adobe ID 和密码进行登录，才能完成下载。短期使用可以下载试用版，长期使用需要购买该软件。如图 2.1 所示。

图 2.1 下载 Dreamweaver

2.2.1 Dreamweaver CC 系统要求

表 2.2 Windows 系统要求

项 目	最低要求
处理器	Intel ® Core 2 或 AMD Athlon ® 64 处理器；2 GHz 或更快的处理器。
操作系统	Microsoft Windows 10 版本 1903（64 位）或更高版本。
RAM	2 GB RAM（推荐使用 4 GB）。
硬盘空间	2 GB 可用硬盘空间（用于安装）；安装过程中需要额外的可用空间（约 2 GB）。Dreamweaver 不可安装于移动闪存设备中。
显示器分辨率	分辨率不低于 1 280×1 024 的显示器，16 位视频卡。
Internet	用户必须具备 Internet 连接并完成注册，才能激活软件、验证订阅和访问在线服务。

表 2.3　MacOS 系统要求

项　目	最低要求
处理器	具有 64 位支持的多核 Intel 处理器。
操作系统	MacOS v11.0（Big Sur），MacOS v10.15，MacOS v10.14。
RAM	2 GB RAM（推荐使用 4 GB）。
硬盘空间	2 GB 可用硬盘空间（用于安装）；安装过程中需要额外的可用空间（约 2 GB）。Dreamweaver 不可安装于移动闪存设备中。
显示器分辨率	分辨率不低于 1 280×1 024 的显示器，16 位视频卡。
Internet	用户必须具备 Internet 连接并完成注册，才能激活软件、验证订阅和访问在线服务。

2.2.2　安装 Dreamweaver CC

①打开下载的 Dreamweaver CC 安装包，双击该安装包 Dreamweaver_Set_Up.exe，弹出打开文件安全警告，单击"运行"按钮，如图 2.2 所示。

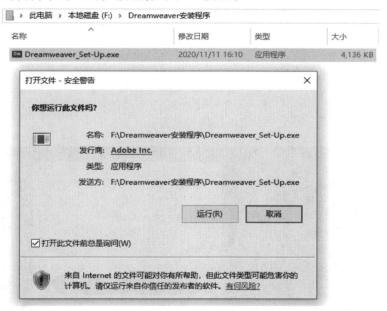

图 2.2　安全警告

②单击"继续"按钮，如图 2.3 所示。

③在弹出的对话框中单击"是"，如图 2.4 所示。

④登录 Creative Cloud 账号，如没有就单击"创建账号"，也可以直接用 Apple 账号进行登录。

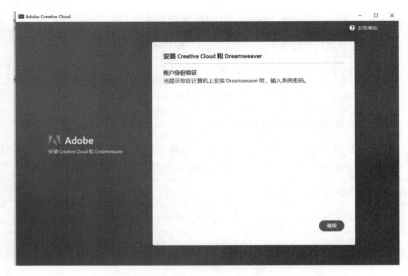

图 2.3　安装 Creative Cloud 和 Dreamweaver

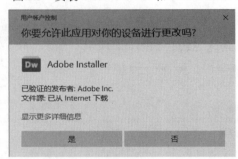

图 2.4　安装提示

图 2.5　登录 Creative Cloud 账号

⑤登录成功后单击"安装"按钮进行安装，如图2.6所示。

图2.6　开始安装

⑥安装过程如图2.7所示。

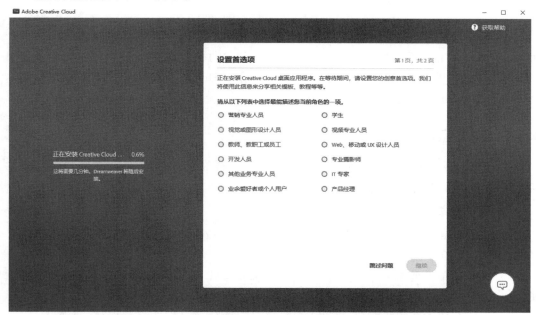

图2.7　设置首选项

安装过程中，可以设置首选项，比如当前角色、对Dreamweaver的熟悉程度等。设置好后单击"完成"按钮，等待安装程序完成，如图2.8所示。

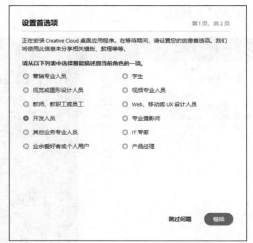 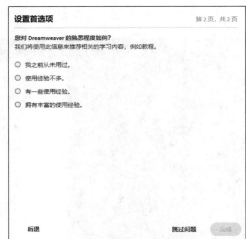

图 2.8 确认完成首选项设置

安装完成后，即可启动 Dreamweaver。方法是：依次单击"开始"→"程序"→，然后在 Creative Cloud 桌面应用程序中找到 Dreamweaver 程序，单击"打开"按钮即可启动使用。

2.3 Dreamweaver CC 使用介绍

Dreamweaver CC 是一款可视化的网页制作与编辑软件，它可以针对网络及移动平台设计、开发并发布网页。Dreamweaver CC 提供直觉式的视觉效果界面，可用于建立和编辑网站，并与最新的网络标准相兼容。本节将详细介绍 Dreamweaver CC 的工作界面及基本操作，帮助用户初步了解该软件的使用方法。

2.3.1 工作界面

Dreamweaver CC 的工作界面和多数操作软件一样简洁、高效、易用，多数功能都能在功能界面中非常方便地找到。

1）菜单栏

Dreamweaver CC 菜单栏提供了"文件""编辑""查看""插入""工具""查找""站点""窗口""帮助"9 个菜单命令。

"文件"菜单主要提供新建、打开、保存、附加样式表、页面属性、导入、导出等操作命令。

"编辑"菜单主要提供撤销、重做、剪切、复制、粘贴、全选、选择父标签、选择子标签、段落格式等命令。

"查看"菜单主要用于切换文档窗口的视图模式。

"插入"菜单主要提供插入表单、表格、图片、HTML 元素、超级链接等命令。

菜单栏　　　　　　　　文档工具栏　　　　　工作区切换　　插入面板

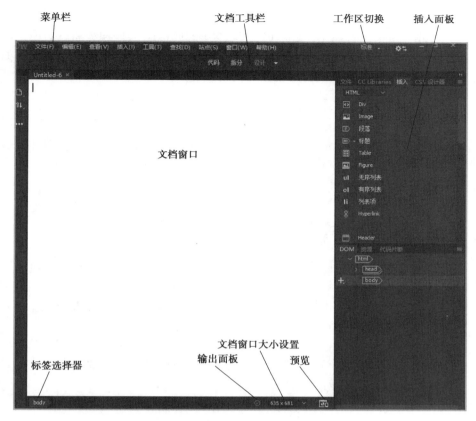

图 2.9　Dreamweaver CC 工作界面

"工具"菜单主要提供编译、代码浏览器、标签库、清理 HTML 等命令。

"查找"菜单主要提供在当前文档中查找、在文件中查找和替换、在当前文档中替换、查找全部并选择、将下一个匹配项添加到选区、跳到并将下一个匹配项添加到选区等命令。

"站点"菜单主要提供站点的新建及管理等命令。

"窗口"菜单主要提供开关各种面板,切换文档工作区、自定义工作区等命令。

"帮助"菜单主要提供 Dreamweaver CC 帮助及管理账户等命令。

2)文档工具栏

使用文档工具栏包含的按钮,可以在文档的不同视图之间快速切换。工具栏中还包含一些与查看文档、在本地和远程站点间传输文档有关的常用命令和选项,如图 2.10 所示。

图 2.10　文档工具栏

文档工具栏中的主要功能有:

"代码"视图:仅在"文档"窗口中显示"代码"视图。

"拆分"视图:在"代码"视图和"实时/设计"视图之间拆分"文档"窗口。流体网格文档无"设计"视图选项可用。

"实时"视图：是交互式预览，可准确地实时呈现 HTML5 项目和更新，以便在做出更改时立即显示更改。"实时"视图中也可以编辑 HTML 元素。利用"实时"选项旁边的下拉列表，可以在"实时"视图和"设计"视图之间切换。

"设计"视图：显示文档的表现形式，以说明用户如何在 Web 浏览器中查看文档。

3）插入面板

"插入"面板（"窗口"→"插入"）包含用于创建和插入对象（例如表格、图像和链接）的按钮。这些按钮按几个类别进行组织，用户可以通过从顶端的下拉列表中选择所需类别来进行切换，如图 2.11 所示。

图 2.11　插入面板

从图 2.11 可以看出：

HTML 可以创建和插入最常用的 HTML 元素，例如 div 标签和对象（如图像和表格）。

表单包含创建表单和插入表单元素（如搜索和密码）的按钮。

模板用于将文档保存为模块并将特定区域标记为可编辑、可选、可重复或可编辑的可选区域。

Bootstrap 组件包含 Bootstrap 组件以提供导航、容器、下拉菜单以及可在响应式项目中使用的其他功能。

jQuery Mobile 包含使用 jQuery Mobile 构建站点的按钮。

jQuery UI 用于插入 jQuery UI 元素，例如折叠式、滑块和按钮。

收藏夹主要是将"插入"面板中最常用的按钮分组和组织到某一公共位置。

4）文档窗口

文档窗口就是网页设计区，它是 Dreamweaver 进行可视化网页设计的主要区域，可以显示当前文档的所有操作效果，比如插入文本、图片、动画等。用户可以通过文档工具栏中的"代码""拆分""设计""实时视图"几个按钮切换文档窗口的几种显示模式，如图 2.12所示。

代码　拆分　设计　▼

图 2.12　文档工具栏

"实时"视图：可以真实地呈现文档在浏览器中的实际样子，并且可以像在浏览器中一样与文档进行交互；还可以在"实时"视图中直接编辑 HTML 元素并在同一视图中即时预览更改。

"设计"视图：是一个用于可视化页面布局、可视化编辑和快速应用程序开发的设计环境。在此视图中，Dreamweaver 显示文档的完全可编辑的可视化表示形式，类似于在浏览器中查看页面时看到的内容。

"代码"视图：是一个用于编写和编辑 HTML、JavaScript 和其他任何类型代码的手动编码环境。

"拆分"视图：可以同时看到代码窗口和设计窗口，选中设计窗口中的某个元素，在代码窗口中即可快速查看其对应的网页代码,反之亦然。如图 2.13 所示。

图 2.13　拆分视图

文档窗口除了文档工具栏中提供的几种视图模式外,还可以通过"查看"菜单进行更多的视图模式切换,如图 2.14 所示。

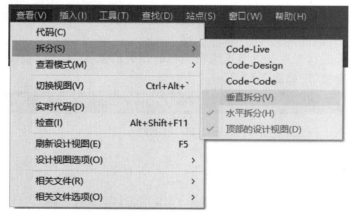

图 2.14　"查看"菜单更多视图切换

代码-实时(Code-Live):在一个窗口中看到同一文档的"代码"视图和"实时"视图。

代码-设计(Code-Design):在一个窗口中看到同一文档的"代码"视图和"设计"视图。

代码-代码(Code-Code):是"代码"视图的一种拆分版本,可以通过滚动方式对文档的不同部分进行操作。

实时代码:显示浏览器用于执行该页面的实际代码,当用户在"实时"视图中与该页面进行交互时,它可以动态变化。

文档窗口顶部会显示选项卡,显示所有打开文档的文件名。如果用户尚未保存已做的更改,则 Dreamweaver 会在文件名后显示一个星号。

Dreamweaver 还会在文档的选项卡下显示"相关文件"工具栏。相关文档指与当前文件关联的文档,例如 CSS 文件或 JavaScript 文件。单击"相关文件"工具栏中的文件名,即可打开相关文档,如图 2.15 所示。

相关文件工具栏

图 2.15　文档选项卡

5)属性检查器

属性检查器可以通过单击"窗口"→"属性"进行显示和关闭。属性检查器的内容根据选中的元素不同而不同。比如选中文本,属性检查器就显示文本的相关属性;选中图片,则显示为图片相关的属性,如图 2.16 所示。

图 2.16　属性检查器

6)状态栏

文档窗口底部的状态栏提供与正编辑文档的相关信息,例如当前窗口的大小、显示网页所采用的窗口类型等,如图 2.17 所示。

图 2.17　状态栏

2.3.2　基本操作

本节主要介绍 Dreamweaver CC 的基本操作方法,包括创建网页、保存网页、打开网页、设置网页属性及预览网页效果等。

1）创建网页

做网页的第一步是新建网页，单击"文件"→"新建"，会弹出创建新网页的对话框，如图 2.18 所示。

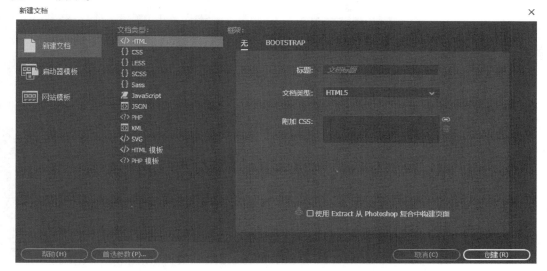

图 2.18　新建网页

在弹出的对话框中选择"新建文档"，选择文件类型为 HTML。单击"创建"按钮，随后文档窗口就会产生一个 Untitled-1 的 HTML 文档，如图 2.19 所示。

图 2.19　新建的网页文档

新建文档的方法不止一种，还可以在文档窗口顶部、文档选项卡右边的空白处单击鼠标右键再选择"新建"命令，其余操作与上面操作一样。也可以用快捷键"Ctrl+N"打开新建文档的对话框。

2）保存网页

制作网页时，注意要边做边保存，否则一旦发生意外，会造成不小的损失。对于新建的网页文件，第一次保存时需要设置保存位置及文件名，具体操作步骤是：单击"文件"→"保存"，如图 2.20 所示。

图 2.20　文件菜单中的保存命令

在弹出的"另存为"对话框中设置文件的保存路径,在文件名的下拉列表框中输入文件名,单击"保存"按钮完成网页文件的保存操作,如图 2.21 所示。

图 2.21　"另存为"对话框

保存网页的方法不止一种,可以用快捷键"Ctrl+S"来保存网页。对于保存过的文件,如果想另存一个版本或位置,单击"文件"→"另存为",设置新文件名及路径即可。

3)打开网页

Dreamweaver CC 中打开网页的方式有好几种。比如,在已经启动好的 Dreamweaver CC 中可以单击"文件"菜单,再选择"打开"命令,在弹出的打开对话框中指定网页存放的路径。选择需要打开的网页，单击"打开"按钮即可打开网页，如图2.22所示。

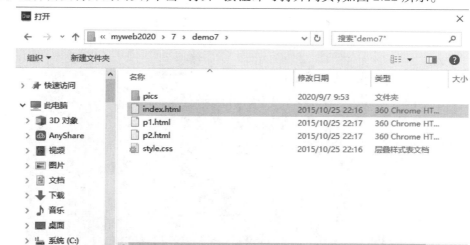

图2.22 打开文件对话框

也可以用快捷键"Ctrl+O"来打开网页。还可以在 Dreamweaver CC 刚启动时，在最近使用项列表中选择需要打开的文件，如图2.23所示。

图2.23 Dreamweaver CC 启动界面

4)设置网页属性

单击"窗口"→"属性"命令,打开属性检查器,在属性检查器中单击"页面属性"按钮,打开"页面属性"对话框,即可设置网页文档的所有属性,如图 2.24 所示。

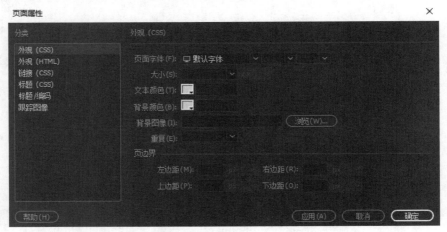

图 2.24 页面属性对话框

"页面属性"对话框中的属性设置包括外观(CSS)、外观(HTML)、链接(CSS)、标题(CSS)、标题/编码、跟踪图像六个分类选项。

● 外观(CSS):用于设置页面字体、字体大小、字体颜色、背景颜色、背景图像以及页边距等属性。设置后会生成 CSS 格式。

● 外观(HTML):用于设置网页中的文本字号、超级链接颜色、背景颜色、页边距等属性,设置后会生成 HTML 格式。

● 链接(CSS):用于设置网页文档的链接字体、链接颜色、下划线样式等链接属性,会生成 CSS 格式。

● 标题(CSS):用于设置网页的标题样式,会生成 CSS 格式。

● 标题/编码:用于设置网页的标题及编码方式。

● 跟踪图像:用于指定一幅图像作为网页创作时的草稿图。该图显示在文档的背景上,便于在网页创作时进行定位和放置其他对象,在实际生成网页时并不显示该图。

5)预览网页效果

预览网页效果可以通过文档工具栏中的实时视图看到网页的实际运行效果,也可以单击文档窗口状态栏右下角的 █ 预览按钮,在浏览器中预览网页效果。

6)关闭网页文档

在打开的网页窗口中单击"文件"→"关闭"命令,即可关闭当前网页。

单击文档窗口顶部网页选项卡右边的 █ 按钮,即可关闭当前网页。

如果打开的网页窗口比较多,想关闭全部网页,又不想退出 Dreamweaver CC,就单击"文件"→"全部关闭"命令,即可关闭所有网页。

2.4　创建与管理站点

在 Dreamweaver CC 中,站点是指属于某个网站的所有文档的本地或远程存放位置。利用 Dreamweaver 站点,可以组织和管理所有的 Web 文档。下面介绍如何使用 Dreamweaver CC 创建站点、管理站点,以及如何通过站点管理文件和文件夹的相关知识和操作。

2.4.1　创建本地站点

一个网站,通常包含多个网页文件、图片、文件夹等,Dreamweaver CC 中可以创建站点来对这些文件和文件夹进行管理。

单击"站点"→"新建站点"命令,如图 2.25 所示。

在弹出的对话框中找到站点名称文本框,输入站点名称,单击"本地站点文件夹"右侧的"浏览文件夹"按钮,如图 2.26 所示。

在打开的"选择根文件夹"的对话框中选择站点的本地文件夹,单击"选择文件夹"按钮,如图 2.27 所示。

图 2.25　新建站点

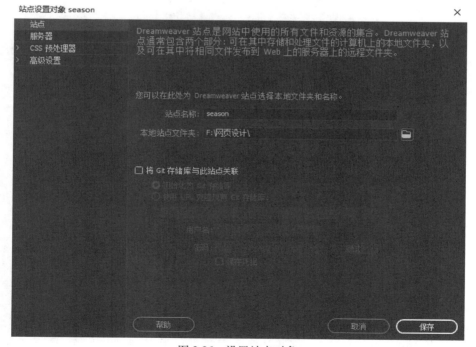

图 2.26　设置站点对象

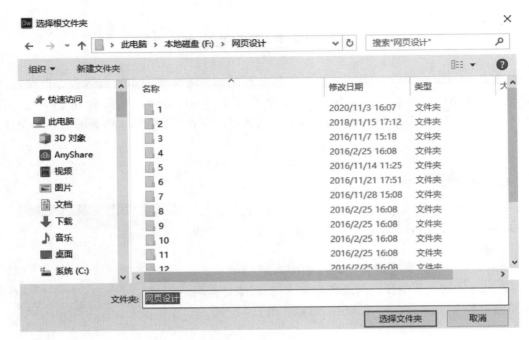

图 2.27　选择站点文件夹

在返回的站点对象设置对话框中单击"保存"按钮，完成站点的建立。在 Dreamweaver CC 的"文件"面板中即可查看创建的站点，如图 2.28 所示。

图 2.28　文件面板中的站点

2.4.2　管理站点

对创建的 Dreamweaver 站点，还可以根据需要进行编辑、复制、删除、导入和导出等操作。

单击"站点"→"管理站点",即可进入站点管理界面,如图2.29所示。

图2.29 管理站点

● 编辑站点:单击站点列表中的现有站点,单击"编辑"按钮 ,即可打开"站点设置"对话框进行编辑站点的名称、本地存放位置等。

● 复制站点:单击站点列表中的现有站点,单击"复制"按钮 ,复制的站点就会显示在站点列表中,站点名称后面会附加"复制"字样。若要修改复制站点的名称,只需选中该站点,单击"编辑"按钮即可进行站点名称的修改。

● 删除站点:从站点列表删除选中的站点及其所有设置信息。这样只是把站点信息删除掉,实际站点文件不会被删除。若需要把站点文件从电脑中删除,则需要手动删除。注意,删除掉的站点是无法恢复的。

● 导入站点:单击"导入站点"按钮 导入站点 即可导入以前导出的站点设置。导入站点只能导入之前导出过的站点设置,不会导入站点文件。

● 导出站点:单击"导出站点"按钮 ,即可将选中站点的设置导出为XML文件,如图2.30所示。

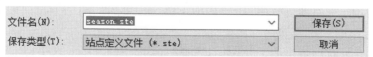

图2.30 导出站点

2.5　设置页面属性

为了使网页的外观效果更美观,就需要对其外观效果进行设置。其中,对页面属性的设置是格式化网页效果的基础操作。

2.5.1　设置外观(CSS)

如果要对整个网页的字体格式和背景效果进行设置,可通过设置"页面属性"对话框的"外观(CSS)"分类来实现。

打开素材文件 index.html,如图 2.31 所示。

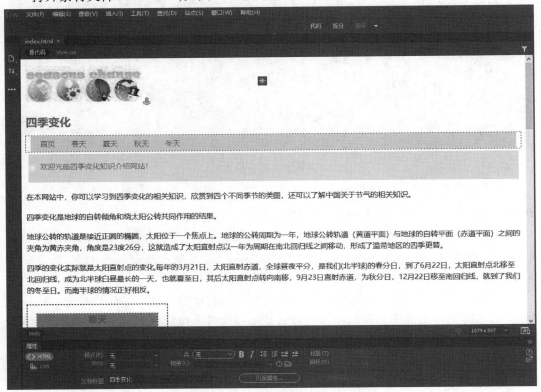

图 2.31　打开网页文件

单击属性检查器中的"页面设置"按钮即可打开页面属性对话框,如图 2.32 所示。

在"页面字体"下拉列表框中输入"微软雅黑",在其后的两个下拉列表框中分别选择"normal"选项。

单击"大小"下拉列表框的下拉按钮,选择"16"选项修改字号大小,如图 2.33 所示。

单击"文本颜色"下拉按钮,在弹出的拾色器面板中选择#000000 颜色,如图 2.34 所示。

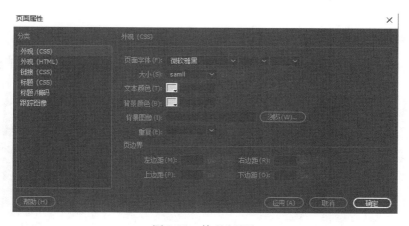

图 2.32　外观（CSS）

图 2.33　设置好后的页面属性对话框

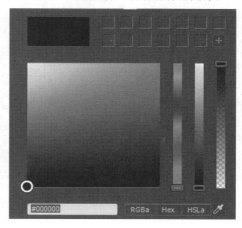

图 2.34　设置文本颜色

　　单击"背景颜色"下拉按钮,在弹出的拾色器面板中选择#FFFFFF 颜色,单击"确定"按钮,确认所有的设置。

2.5.2　设置链接（CSS）

通过"页面属性"对话框，还可以非常方便地设置超链接的显示效果，如图 2.35 所示。

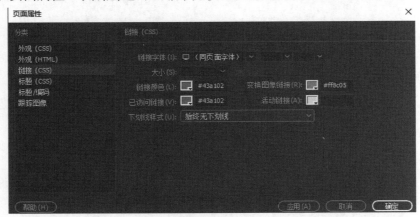

图 2.35　链接（CSS）

打开有超级链接的素材，单击属性检查器中的"页面属性"按钮，在弹出的对话框中左侧单击"链接（CSS）"选项。

"链接字体"设为"华文彩云"，其后的两个下拉列表选项分别设为 italic（倾斜）和 bold（加粗）。大小设为 16 px，"链接颜色"设为#43a102，"变换图像链接"设为#ff8c05，"已访问链接"设为#43a102，"下划线样式"设为始终无下划线。单击"确定"或"应用"按钮，应用以上设置，如图 2.36 所示。

图 2.36　链接（CSS）属性设置

完成后的页面链接预览效果如图 2.37 所示。

图 2.37　链接（CSS）完成效果

2.5.3 设置标题(CSS)

在网页中,有 h1 至 h6 这六种标题样式,这些标题样式可以通过"页面属性"对话框中的"标题(CSS)"分类来进行更多样式的设置,如图 2.38 所示。

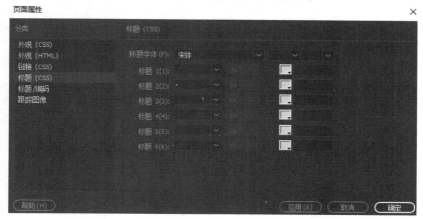

图 2.38 标题(CSS)

"标题字体"下拉列表中可以选择所需字体,或直接输入字体名称。其后的两个下拉框中可以设置斜体和加粗等样式。

"标题 1"至"标题 6"可以设置这六个级别的标题文字的大小及文本颜色。

2.5.4 设置标题和编码

在"页面属性"对话框左侧的"分类"列表中选择"标题/编码"选项,可以切换到"标题/编码"选项设置界面,在"标题/编码"选项中可以设置网页的标题、文字编码等,如图 2.39 所示。

图 2.39 "标题/编码"选项

"标题"文本框中可以输入页面标题,和在代码视图通过头部信息设置页面标题的效果相同。

"文档类型(DTD)"下拉列表框可以选择文档的类型,Dreamweaver CC 2019 默认新建文档的类型为"HTML5"。

"编码"下拉列表框可以选择网页的文字编码,Dreamweaver CC 2019 默认新建的文档编码是"Unicode(UTF-8)",也可以选择"简体中文(gb2312)"。如果修改了页面的编码,则单击"重新载入"按钮,转换现有文档或者使用新编码重新打开该页面。

只有用户选择 Unicode(UTF8)作为页面编码时,"Unicode 标准化表单"选项才可用。该选项下面的列表中提供了 4 种 Unicode 标准化表单,最重要的是 C 项,因为它是最常用的万维网字符模型。

如果选中"包括 Unicode 签名(BOM)(S)"复选框,则在文档中包括一个字节顺序标记(BOM)。BOM 是位于文本文件开头的 2~4 个字节,可以将文件标识为 Unicode,还需标识后面字节的字节顺序。由于 UTF-8 没有字节顺序,所以该选项可以不选,而对于 UTF-16 和 UTF-32,则必须添加 BOM。

标题经常被网页初学者忽略,因为它对网页的内容不产生任何影响。在浏览网页时,会在浏览器的标题栏中看到网页的标题;在进行窗口切换时,它可以很明白地提示当前网页信息;当收藏网页时,网页的标题会列在收藏夹内。

2.5.5　设置跟踪图像

在"页面属性"对话框左侧的分类列表中,选中"跟踪图像"选项,可以切换到"跟踪图像"选项设置界面,在"跟踪图像"选项中可以设置跟踪图像的属性,如图 2.40 所示。

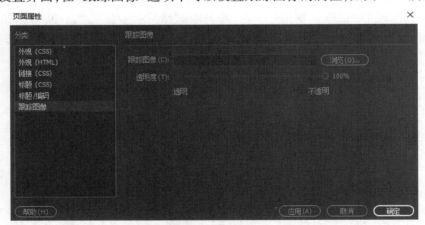

图 2.40　"跟踪图像"选项

跟踪图像是网页排版的一种辅助手段,在正式制作网页前,有时会有设计草图,Dreamweaver CC 可以将设计草图设置成跟踪图像,铺在编辑的网页下面作为背景,用于指引网页设计。跟踪图像只在网页编辑时有效,对 HTML 文档并不会产生影响。其设置方法比较简单,步骤如下:

（1）单击"跟踪图像"文本框右边的"浏览"按钮，在弹出的"选择图像源文件"对话框中选择"跟踪图像"，如图 2.41 所示。

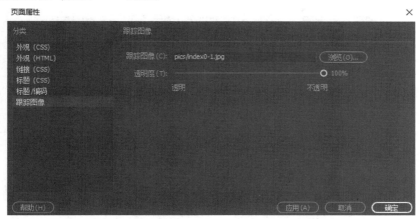

图 2.41　设置跟踪图像

（2）设置"透明度"。拖动"透明度"滑块可调整、跟踪图像在网页编辑状态下的透明度，透明度越高，跟踪图像显示越明显；透明度越低，跟踪图像显示越不明显。跟踪图像的文件格式必须为 JPEG、GIF 或 PNG。

第3章 添加与编辑网页内容

3.1 文本的添加与控制

文本是网页的基本内容之一,本节将简单介绍网页中如何插入文本、设置文本属性及插入特殊文本等操作。

3.1.1 插入文本

要向 Dreamweaver 文档插入文本,可直接在"文档"窗口中键入文本,也可复制并粘贴文本。

在将文本粘贴到 Dreamweaver 文档中时,可以使用"粘贴"或"选择性粘贴"命令。"选择性粘贴"命令可以为粘贴文本设置指定的文本格式。例如,要将带格式的 Microsoft Word 文本粘贴到 Dreamweaver 文档中,并去掉所有格式设置,以便能够向所粘贴的文本应用自己的 CSS 样式表,这时就可以在 Dreamweaver 中单击"编辑"→"选择性粘贴"命令,在弹出的"选择性粘贴"对话框总选中"仅文本"单选按钮,单击"确定"按钮,即可完成操作。

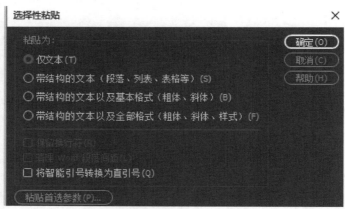

图 3.1 选择性粘贴

当使用"粘贴"命令从其他应用程序粘贴文本时,可设置粘贴首选参数作为默认选项。

注意:快捷键 Ctrl+V (Windows)和 Command+V (Macintosh)在代码视图中始终仅粘贴文本(无格式)。快捷键 Ctrl+Shift+V (Windows)和 Cmd+Shift+V (Macintosh)为选择性粘贴。

3.1.2　设置文本属性

输入完文本内容后，就需要对其进行格式属性设置。

①打开"poetry.html"，选中"节气歌"文本，单击属性检查器中的"CSS"按钮，如图 3.2 所示。

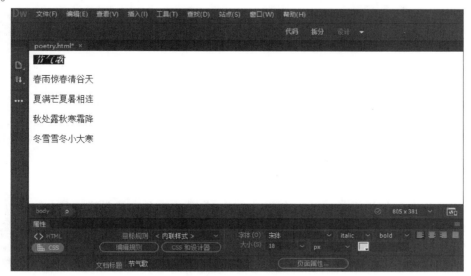

图 3.2　属性检查器

②在"字体"栏中将字体格式设置为倾斜效果和加粗效果，如图 3.3 所示。

图 3.3　设置字形

③单击"大小"下拉列表框右侧的下拉按钮，字体大小设为"18"，如图 3.4 所示。

图 3.4　设置字号

④保存并预览页面，其最终效果如图 3.5 所示。

图 3.5　字体效果预览

3.1.3　插入特殊文本

网页制作过程中经常会遇到一些无法直接从键盘输入的特殊文本或符号,故 Dreamweaver CC 提供了各类特殊字符和符号。

1)插入换行符

在设计视图下如果想将一行文本分成两行,大家一般会直接敲回车换行。回车的方法换行确实有效,不过两行文本之间会产生一个空行,文本也被分成了两个段落。如果我们只想换行,不想插入一个空行,不想分段,则可以单击"插入"→"HTML"→"字符"→"换行符"命令来实现,其操作技巧如下:

①在 Dreamweaver CC 中打开"poetry.html"素材文件。

②将文本插入点定位到需要换行的文本内容的右侧,如图 3.6 所示。

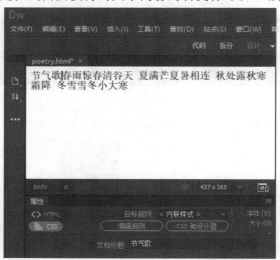

图 3.6　定位光标到文本右侧

③单击"插入"菜单项,选择"HTML"→"字符"→"换行符"命令即可在该位置插入换行符,如图 3.7 所示。

图 3.7　插入换行符

　　④用相同的方法在合适的位置插入换行符,单击"预览"按钮即可看到设置效果,如图 3.8 所示。

图 3.8　换行符效果预览

　　⑤切换到代码视图,可以发现插入了换行符的位置增加了一个
标签,如图 3.9 所示。

图 3.9　插入换行符后代码视图

- 将文本定位到需要换行的位置,按 Shift+Enter 组合键,可以快速插入换行符。
- 切换到代码视图下,在需要换行的文本后面输入
标签也可以快速实现换行。
- HTML5 中使用
标签,HTML5 之前的版本需要输入
标签。

2)插入水平线

水平线可以起到分割内容的作用。如果要插入水平线,可以单击"插入"菜单,选择"HTML"→"水平线(Z)"命令来实现。操作技巧如下:

①在 Dreamweaver CC 中打开"poetry.html"素材文件。

②将文本插入点定位到需要插入水平线的文本内容右侧,如图 3.10 所示。

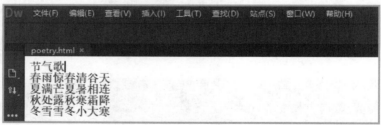

图 3.10　定位光标到节气歌右侧

③单击"插入"菜单,选择"HTML"→"水平线(Z)"命令,即可在该位置插入一条水平线,如图 3.11 所示。

④单击"预览"按钮,即可看到添加的水平线效果,如图 3.12 所示。

⑤切换到代码视图,可以发现插入水平线的位置增加了一个<hr>标签,如图 3.13 所示。

图 3.11　插入水平线

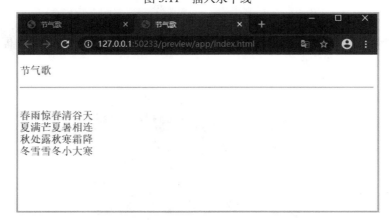

图 3.12　水平线效果预览

图 3.13　插入水平线的代码视图

- 切换到代码视图,在需要添加水平线的位置输入<hr>标签即可快速添加水平线。
- <hr>标签适用于 HTML5,之前的版本请输入</hr>标签。

3)插入日期

Dreamweaver CC 中可以直接插入系统日期,具体操作技巧如下:

①在 Dreamweaver CC 中打开"poetry.html"素材文件,在文本后面输入"制作日期:"。

②将文本插入点定位到"制作日期:"右侧,如图 3.14 所示。

图 3.14　定位光标到制作日期右侧

③单击"插入"菜单,选择→"HTML"→"日期(D)"命令,在弹出的对话框中选择所需要的日期格式,如图 3.15 所示。

图 3.15　插入日期

④单击"确定"按钮,完成日期插入,按 F12 预览其效果,如图 3.16 所示。

图 3.16　日期效果预览

4)插入特殊字符

特殊字符在 HTML 是视以名称或数字的形式表示的,它们被称为实体,包括注册商标、版权符合、商标符合等字符的实体名称。插入特殊字符的具体操作技巧如下:

①在 Dreamweaver CC 中打开"poetry.html"素材文件,在文末输入"版权所有四川外国语大学英语学院"字样。

②将文本插入点定位到"版权所有"右侧,如图 3.17 所示。

图 3.17　定位光标到版权所有右侧

③单击"插入"菜单,选择"HTML"→"字符"→"版权(C)"命令,如图 3.18 所示。

图 3.18　插入版权符号

④按 F12 预览其效果,如图 3.19 所示。

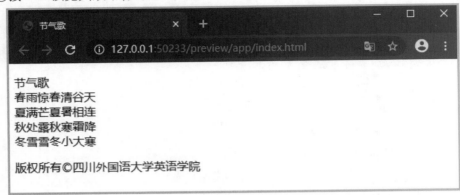

图 3.19　版权符号效果预览

⑤切换到代码视图,可以发现代码视图中的版权字符为"©"符号,如图 3.20 所示。

图 3.20　插入版权符号的代码视图

- 插入注册商标®、商标™等其他特殊符号的方法与插入版权符号相同。
- 在 HTML 中,特殊字符的编码是以"&"开头和";"结尾的数字或英文字母组成。

3.2 图像的插入与编辑

在网页中插入图像,可以使网页内容更加丰富,更利于用户浏览。图像可以直接插入在网页中,也可以作为背景应用。网页中最常用的图像格式有 JPEG、GIF、PNG 等。

3.2.1 插入图像

在 HTML 中,图像的标签为<img/>,利用该标签的 src 属性可以指定图像路径。在 Dreamweaver CC 中,添加图像的方式很方便,具体操作技巧如下:

①在 Dreamweaver CC 中打开"index.html"素材文件,如图 3.21 所示。

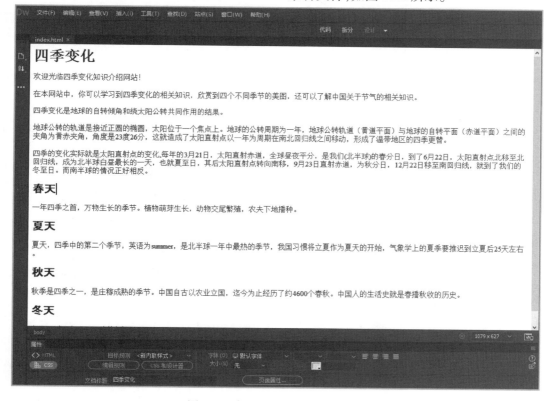

图 3.21 打开 index.html 素材文件

②将文本插入点定位到"春天"右侧,如图 3.22 所示。

③单击"插入"菜单,选择"HTML"→"图像"命令,在弹出的对话框中选择需要插入的图片 p101.jpg,单击"确定"按钮,完成图片的插入,如图 3.23 所示。

④选中图片,在属性检查器中设置图片的宽度为 400 px,高度为 270 px,如图 3.24 所示。

⑤切换到代码视图,可以发现代码视图中增加了一条代码如下:

<img src="../p101.jpg" width="400" height="270" alt=""/>

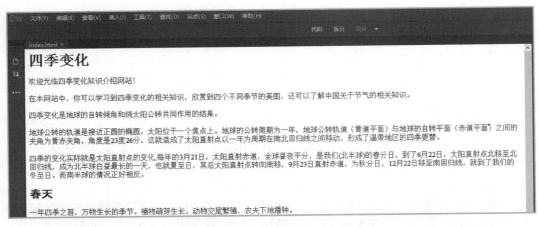

图 3.22　定位光标到"春天"右侧

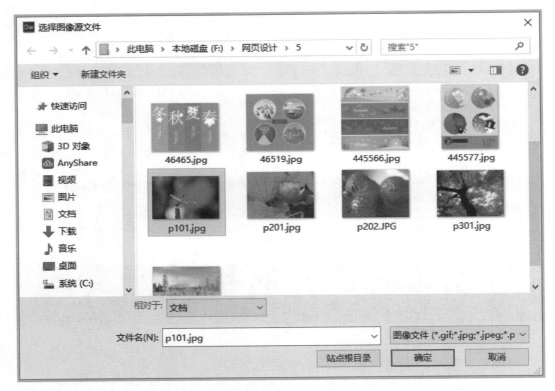

图 3.23　插入图片

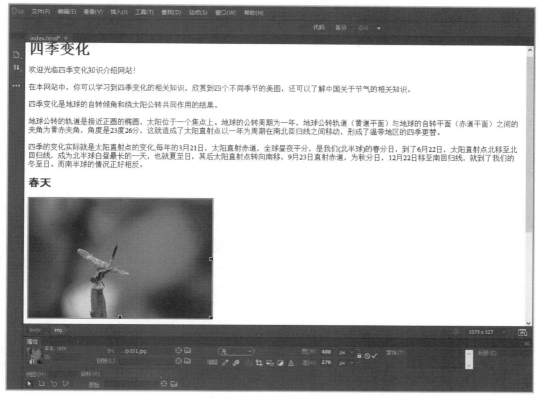

图 3.24 设置图片属性

● 可以直接在 Dreamweaver CC 的代码视图下增加一个<img/>标签,并设置其 src 属性、width 属性、height 等属性,完成图像的设置。

● 插入面板也可以完成图像等的插入操作。

● 插入图像时,如果选择的图像不在本地站点的目录下,就会弹出提示对话框,提示用户复制图像文件到本地站点目录中,如图 3.25 所示。

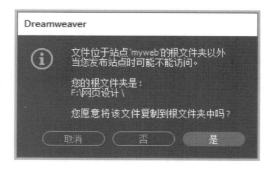

图 3.25 复制文件到站点目录

单击"是"按钮后,弹出"复制文件为"对话框,让用户选择图像文件的存放位置,可以选择根目录或根目录下的任意文件夹,单击"保存"按钮,如图3.26所示。

图3.26　设置图像文件的存放位置

3.2.2　设置图像属性

图像插入网页后,用户可以根据需要设置图像的属性。选择需要设置的图像,展开属性检查器,即可对该图像进行属性设置,如图3.27所示。

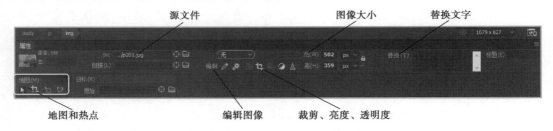

图3.27　图像属性检查器

①在Dreamweaver CC中打开"p1.html"素材文件。

②修改图片大小:选中网页中春天对应的图片,将属性检查器中的宽度设为400 px,高度设为266 px,如图3.29所示。

③裁剪图像:选中需要裁剪的图像,单击属性检查器中的"裁剪"按钮,如图3.30所示。

④拖动图片裁剪框上的控制点,确认需要保留图片,如图3.31所示。

⑤双击图片裁剪框，完成图片裁剪，如图 3.32 所示。

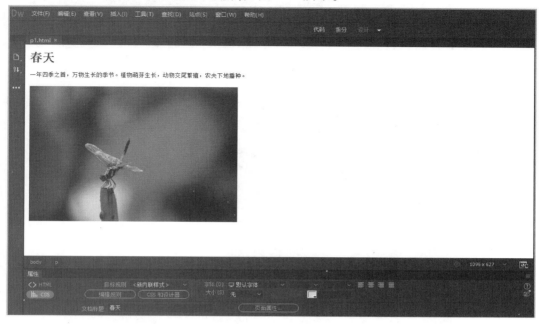

图 3.28　打开素材文件

图 3.29　调整图片大小

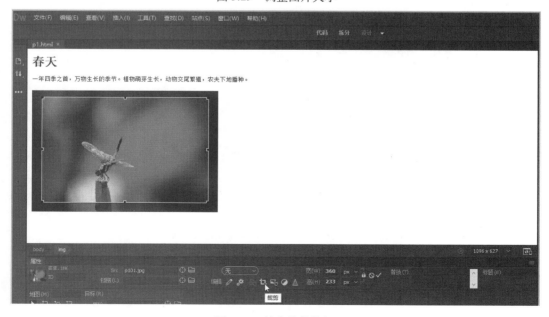

图 3.30　单击裁剪按钮

图 3.31 裁剪图片

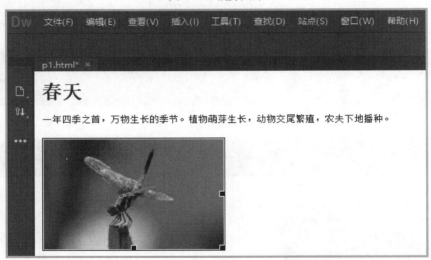

图 3.32 完成图片裁剪

- 在确定需要保留的图片内容后，直接按 Enter 键可快速执行裁剪图片操作。
- 调整图像亮度和对比度，选中图片，单击属性检查器中的"亮度和对比度"按钮，在弹出的对话框中调整其数值到需要程度即可，如图 3.33 所示。
- 调整图像的锐化效果可以提高图像边缘轮廓的清晰度，使整个图像更清晰。

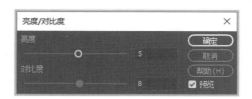

图 3.33 设置图片亮度对比度

3.2.3 设置鼠标经过图像

鼠标经过图像,是指鼠标移动到某一图像时图像变成另一幅图像,当鼠标离开时,又恢复成原始图像的效果。其操作技巧如下:

①在 Dreamweaver CC 中打开"p2.html"素材文件,如图 3.34 所示。

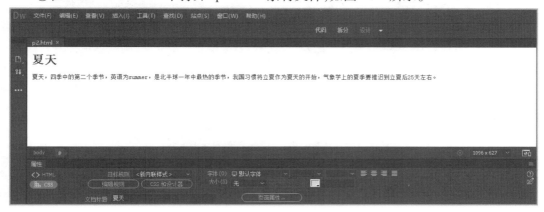

图 3.34 打开素材

②将文本插入点定位到文本下方空白处,单击"插入"菜单,选择"HTML"→"鼠标经过图像(R)"命令,会弹出"插入鼠标经过图像"的对话框,如图 3.35 所示。

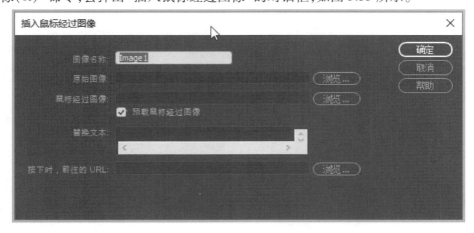

图 3.35 插入鼠标经过图像

③在"插入鼠标经过图像"对话框中,在"图像名称"文本框中输入"summer1",单击"原始图像"文本框右侧的"浏览"按钮,选择素材文件夹中的"summer.png"文件。单击"鼠标经过图像"文本框右侧的"浏览"按钮,选择素材文件夹中的"summer-v.png"文件,单击"确定"按钮,如图 3.36 所示。

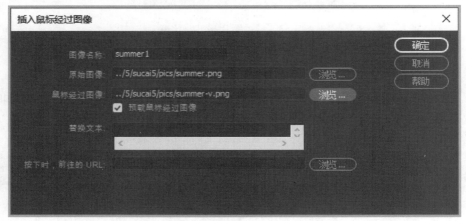

图 3.36　设置鼠标经过图像路径

④按 F12 键预览网页效果,如图 3.37 所示。

图 3.37　鼠标经过图像效果预览

⑤切换到代码视图,鼠标经过图像产生代码如图 3.38 所示。

```html
<!doctype html>
<html>
<head><title>夏天</title>
<meta charset="gb2312">
<script type="text/javascript">
function MM_swapImgRestore() { //v3.0
  var i,x,a=document.MM_sr; for(i=0;a&&i<a.length&&(x=a[i])&&x.oSrc;i++) x.src=x.oSrc;
}
function MM_preloadImages() { //v3.0
  var d=document; if(d.images){ if(!d.MM_p) d.MM_p=new Array();
    var i,j=d.MM_p.length,a=MM_preloadImages.arguments; for(i=0; i<a.length; i++)
    if (a[i].indexOf("#")!=0){ d.MM_p[j]=new Image; d.MM_p[j++].src=a[i];}}
}
function MM_findObj(n, d) { //v4.01
  var p,i,x;  if(!d) d=document; if((p=n.indexOf("?"))>0&&parent.frames.length) {
    d=parent.frames[n.substring(p+1)].document; n=n.substring(0,p);}
  if(!(x=d[n])&&d.all) x=d.all[n]; for (i=0;!x&&i<d.forms.length;i++) x=d.forms[i][n];
  for(i=0;!x&&d.layers&&i<d.layers.length;i++) x=MM_findObj(n,d.layers[i].document);
  if(!x && d.getElementById) x=d.getElementById(n); return x;
}

function MM_swapImage() { //v3.0
  var i,j=0,x,a=MM_swapImage.arguments; document.MM_sr=new Array; for(i=0;i<(a.length-2);i+=3)
    if ((x=MM_findObj(a[i]))!=null){document.MM_sr[j++]=x; if(!x.oSrc) x.oSrc=x.src; x.src=a[i+2];}
}
</script>
</head>
<body onLoad="MM_preloadImages('../5/sucai5/pics/summer-v.png')">
<h1>夏天</h1>
<p>夏天,四季中的第二个季节,英语为summer,是北半球一年中最热的季节,我国习惯将立夏作为夏天的开始,气象学上的夏季要推迟到立夏后25天左右。</p>
<p> </p>
<p><a href="#" onMouseOut="MM_swapImgRestore()" onMouseOver="MM_swapImage('summer1','','../5/sucai5/pics/summer-
v.png',1)"><img src="../5/sucai5/pics/summer.png" alt="" width="259" height="259" id="summer1"></a></p>
</body>
</html>
```

图 3.38　鼠标经过图像代码视图

●"插入鼠标经过图像"对话框中的"替换文本"是指鼠标经过图像的替换说明文字,和图像的替换功能相同,可以不填。

●"按下时,前往的 URL"文本框中可以设置鼠标经过图像时跳转到的链接地址。

●鼠标经过图像中的两个图像尺寸应该相同,如果这两个图像的尺寸不同,Dreamweaver CC 会自动调整第二幅图像,使其与第一幅图像的尺寸相同。

●鼠标经过图像经常被应用在链接的按钮上,根据按钮的变化,使页面看起来更加生动,并且提示浏览者单击该按钮可以跳转到另一个页面。

3.3　插入多媒体

为了让网页内容更加形象直观,更加丰富,除了插入图像外,还可以在网页中插入音频、动画、视频等多媒体文件。下面具体讲解中插入多媒体的操作方法。

3.3.1　插入 HTML5 音频

HTML5 音频元素提供一种将音频内容嵌入网页的标准方式,不需安装任何插件,只要浏览器支持相应的 HTML5 标签,即可顺利播放 HTML5 音频文件。

具体操作步骤如下:

图 3.39　插入 HTML5 音频

①在 Dreamweaver CC 中打开"p2.html"素材文件。
②将音频文件复制到站点目录下。
③将文本插入点定位到文本下方空白处,单击"插入"菜单,选择"HTML"→"HTML5 Audio(A)"命令,页面上就会产生一个音频图标,如图 3.39 所示。
④选中音频图标,属性检查器会变成如图 3.40 所示。

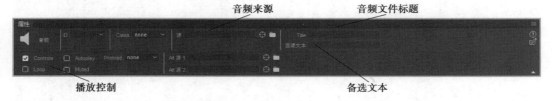

图 3.40　HTML5 音频属性检查器

⑤单击属性检查器中的"源"文本框右侧的"浏览"按钮,选择插入的音频文件,单击"确定"按钮,如图 3.41 所示。

图 3.41　选择音频文件

⑥保存网页,按 F12 预览结果,如图 3.42 所示。

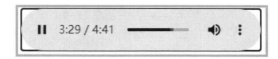

图 3.42　预览 HTML5 音频效果

●插入音频文件之前需先把音频文件复制到站点根目录或子文件夹中。

●属性检查器中的"源""Alt 源 1"和"Alt 源 2"可以设置三种格式的音频文件。如果源中的音频格式不被支持,则会使用"Alt 源 1"或"Alt 源 2"中指定的格式。浏览器会选择第一个可识别格式来显示音频。

●标题:为音频文件输入标题。

●备选文本:在不支持 HTML 5 的浏览器中显示的文本。

●控件:选择是否要在 HTML 页面中显示音频控件,如播放、暂停和静音。

●自动播放:如果希望音频一旦在网页上加载后便开始播放,则选择该选项。

●循环音频:如果希望音频连续播放,直到用户停止播放它,请选择此选项。

●静音:如果希望在下载之后将音频静音,请选择此选项。

●预加载:选择"自动",会在页面下载时加载整个音频文件。选择"元数据",会在页面下载完成之后仅下载元数据,使页面看起来更加生动,并且提示浏览者单击该按钮可以跳转到另一个网页。

●几种常用浏览器支持音频格式情况见表 3.1。

表 3.1　常用浏览器支持音频格式情况表

浏览器	MP3	wav	ogg
Internet Explorer 9	是	否	否
Firefox 4.0	否	是	是
Google Chrome 6	是	是	是
Apple Safari 5	是	是	否
Opera 10.6	否	是	是

3.3.2　插入 HTML5 视频

HTML5 提供了视频的标准接口,不需任何插件,浏览器即可播放其支持格式的 HTML5 视频。下面介绍 HTML5 视频的操作技巧:

①在 Dreamweaver CC 中打开"p1.html"素材文件。

图 3.43　插入 HTML5
视频

②将视频文件复制到站点目录下。

③将文本插入点定位到文本下方空白处，单击"插入"菜单，选择"HTML"→"HTML5Vedio（V）"命令，页面上就会产生一个视频图标，如图 3.43 所示。

④选中视频图标，属性检查器会变成如图 3.44 所示。

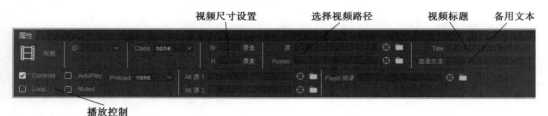

图 3.44　HTML5 视频属性检查器

⑤单击属性检查器中的"源"文本框右侧的"浏览"按钮，选择插入的视频文件，单击"确定"按钮，如图 3.45 所示。

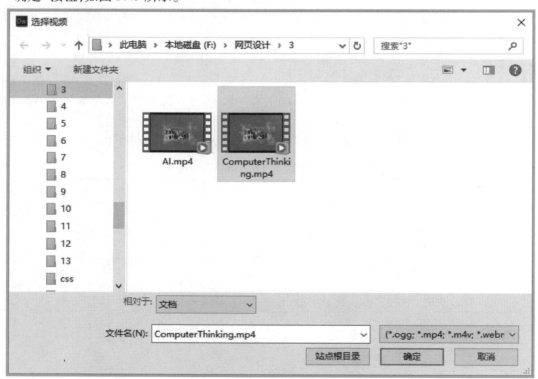

图 3.45　选择视频文件

⑥保存网页，按 F12 预览结果，如图 3.46 所示。

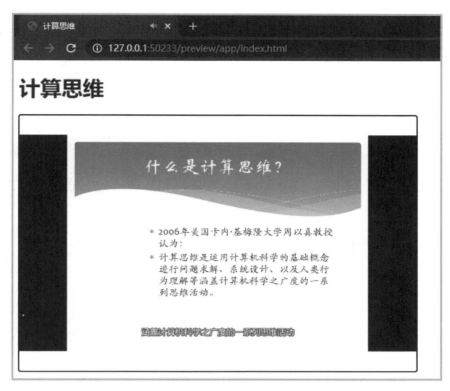

图 3.46　预览 HTML5 视频效果

小贴士

- 插入视频文件之前需先把音频文件复制到站点根目录或子文件夹中。
- 标题：为视频指定标题。
- 宽度（W）：输入视频的宽度（像素）。
- 高度（H）：输入视频的高度（像素）。
- 控件：选择是否要在 HTML 页面中显示视频控件，如播放、暂停和静音。
- 自动播放：选择是否希望视频一旦在网页上加载后便开始播放。
- 海报：输入要在视频完成下载后或用户单击"播放"后显示的图像的位置。当用户插入图像时，宽度和高度值是自动填充的。
- 循环：如果希望视频连续播放，直到用户停止播放影片，请选择此选项。
- 静音：如果希望视频的音频部分静音，请选择此选项。
- Flash 视频：浏览器不支持 HTML 5 视频时选择 SWF 文件。
- 备选文本：浏览器不支持 HTML5 时显示的文本。
- 预加载：指定在页面加载时视频应当如何加载的作者首选参数。选择"自动"会在页面下载时加载整个视频。选择"元数据"会在页面下载完成之后仅下载元数据。
- 几种常用浏览器支持视频格式情况见表 3.2。

表 3.2　常用浏览器支持视频格式情况表

浏览器	MP4	WebM	Ogg
Internet Explorer 9	是	否	否
Firefox 4.0	否	是	是
Google Chrome 6	是	是	是
Apple Safari 5	是	否	否
Opera 10.6	否	是	是

3.3.3　插入 Flash 动画

Flash 动画是将音乐、声音、动画等多种元素融合在一起的一种动态效果。下面介绍如何在 Dreamweaver CC 中给网页插入 Flash 动画。

①在 Dreamweaver CC 中打开"p1.html"素材文件。

②将 Flash 动画文件复制到站点目录下。

③将文本插入点定位到文本下方空白处，单击"插入"菜单，选择"HTML"→"Flash SWF（F）"命令，页面上产生一个"选择 SWF"的对话框，在站点文件夹中选中.swf 文件，如图 3.47 所示。

图 3.47　插入 Flash 动画

④单击图 3.47 中的"确定"按钮,页面上会出现"对象标签辅助功能属性"对话框,如图 3.48 所示。

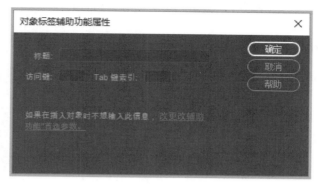

图 3.48 对象标签复制功能属性

⑤在"对象标签辅助功能属性"对话框中的"标题"文本框里输入 Flash 标题,单击"确定"按钮,页面即可出现一个 Flash 占位符,如图 3.49 所示。

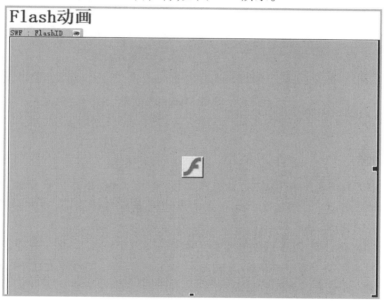

图 3.49 Flash 占位符

⑥选中 Flash 图标,属性检查器会变成如图 3.50 所示。

图 3.50 Flash 属性检查器

⑦设置属性检查器中的 Flash 高度、宽度、对齐方式、边距设置等属性。

⑧保存网页,按 F12 预览结果,如图 3.51 所示。

图 3.51　预览 Flash 动画效果

　　● FLA 文件(.fla)是所有 flash 项目的源文件,使用 Flash 创作工具创建。此类型的文件只能在 Flash 中打开(无法在 Dreamweaver 或浏览器中打开)。网页中如需使用,需要发布为.swf 格式的文件。

　　● SWF 文件(.swf)是 FLA (.fla) 文件的编译版本,可以在 Web 上查看。此文件可以在浏览器中播放并可以在 Dreamweaver 中进行预览,但 SWF 文件不能在 Flash 中编辑。

　　● FLV 文件(.flv)是一种经过编码的音频、视频合成的视频文件。

　　● 在页面中插入 SWF 文件时,Dreamweaver 会检测用户是否拥有正确的 Flash Player 版本的代码。如果没有,则页面会显示默认的替代内容,提示用户下载最新版本。

第 4 章　超链接的创建与设置

超链接是网页的重要元素之一。网站中的每一个网页都是通过超链接的形式关联在一起的,如果页面之间彼此是独立的,那这样的网站无法正常运行。

4.1　超链接简介

4.1.1　什么是超链接

超链接是指从一个网页指向一个目标的连接关系,这个目标可以是另一个网页,也可以是相同页面上的不同位置。

超级链接可以分为不同类型,按链接起点的对象可以分为文本超链接和图像超链接。文本超链接是指在指定文本内容上添加的超级链接,图像超链接是指在网页中的图像上添加的超链接。超链接按位置可以分为内部链接、外部链接和锚点链接。内部超链接指在同一个站点内不同网页之间的链接关系。外部链接指不在同一个站点内的网页之间的链接关系。锚点链接指在同一网页或不同网页指定位置的链接。

4.1.2　链接路径

1）统一资源定位符 URL

统一资源定位符 URL（Uniform Resource Locator）是指因特网文件在网上的地址,用数字和字母按一定顺序排列来确定的因特网地址。URL 由协议类型、主机名、端口号及文档位置组成。其格式为:

协议类型://主机名:端口号/文档位置

协议类型主要使用 http 协议（hyper text transfer protocol, 超文本传输协议）,它是用于转换网页的协议。有时使用 ftp 协议（file transfer protocol,文件传输协议）,主要用于传输软件和大文件。许多软件下载的网站就是使用 ftp 作为下载网址。

主机名表示被访问的因特网资源所在的服务器域名。

端口号表示被访问的因特网资源所在的服务器端口号,但是对于一些常用协议类型,端口号都用默认的,可以省略不写。

文档位置表示服务器上某一资源的存放位置。

比如网址 http://www.sisu.edu.cn/info/index.htm,就属于一个 URL,它指出 http 协议访问 www.sisu.edu.cn 服务器下的 info 目录下的 index.htm 文件。

Dreamweaver 中创建超级链接需要了解从链接起点的文档到链接目标的文档或资源之间的文件路径。链接路径可以分为相对路径和绝对路径。

2）绝对路径

绝对路径指文件的完整路径，包括使用的协议，比如 http://www.sisu.edu.cn、ftp://202.202.200.21 等。本地链接也可以使用绝对路径，但不建议采用这种方式，因为一旦站点移动到其他服务器，本地绝对路径链接就会全部断开。

绝对路径的优点在于它与链接的起点无关，只要网站的地址不变，无论文件在站点中如何移动，都可以正常跳转。如果希望链接到其他站点上的文件，就必须使用绝对路径。

绝对路径的缺点在于这种方式的超链接不利于测试。如果在站点中使用绝对路径，想要测试链接是否有效，必须在因特网服务器端对超链接进行测试。

3）相对路径

相对路径是指以当前文件所在位置为参考物的链接地址。同一个站点下的链接更适合用相对路径。

如果链接到同一目录下的文档，则只需输入要链接文档的名称。如果要链接到下一级目录中的文件，则只需输入目录名，再加"/"，最后输入文件名。如果要链接到上一级目录中的文件，则先输入"../"，再输入目录名、文件名。

站点内部结构如图 4.1 所示。

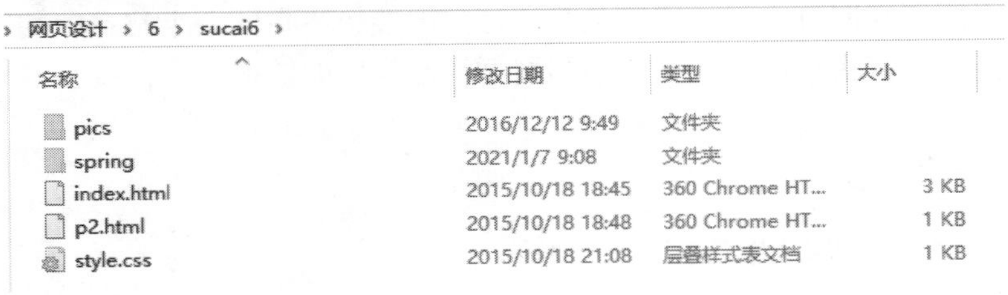

图 4.1　站点内部结构

如果要从"sucai6"文件夹中的 index.html 链接到 p2.html，只需要在设置链接地址的地方输入"p2.html"即可，如图 4.2 所示。

图 4.2　设置相同路径下的链接地址

如果需要从"sucai6"文件夹中的"index.html"链接到"spring"文件夹中的"p1.html"，只需在设置链接的地方输入"spring/p1.html"即可，如图 4.3 所示。

图 4.3　设置子文件夹中的链接地址

如果需要从"spring"文件夹中的"p1.html"链接到"sucai6"文件夹下的"pics"文件夹中的"p101s.jpg"文件,则在设置链接的地方输入:"../pics/p101s.jpg"即可,如图 4.4 所示。

图 4.4　设置上一级目录其他文件夹中的链接地址

4.2　创建超链接

4.2.1　文本链接

文本链接即以文本内容为引导标题的超链接,它是网页中最常被使用的链接方式,具有文件小、制作简单和便于维护的特点。具体操作技巧如下:

①在 Dreamweaver CC 中打开"index.html"素材文件,如图 4.5 所示。

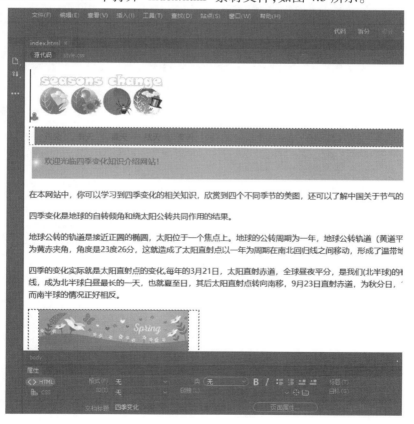

图 4.5　打开素材文件

②在文档窗口的设计视图中选中页面导航条中的"首页"文本,单击"属性"面板中链接文本框右边的"浏览文件"按钮,如图 4.6 所示。

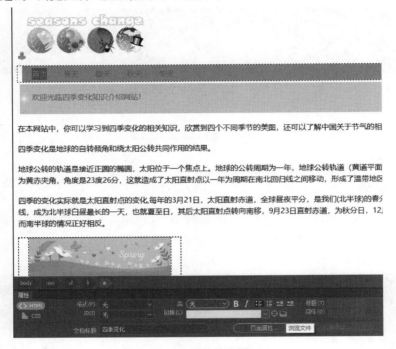

图 4.6　属性检查器

③在弹出的对话框中打开链接文件所在路径,选择要链接到的 html 文件,单击"确定"按钮,如图 4.7 所示。

图 4.7　选择链接文件

④插入链接地址后，属性检查器中的"目标"下拉列表框和"标题"文本框被激活，可以在这里设置链接文档的标题及打开方式，如图4.8所示。

图4.8 链接标题与目标

- 激活的"标题"文本框中可以输入链接的标题。
- 激活的"目标"下拉列表框中有5种链接的打开方式。

■_blank：将链接的文档在一个新的、未命名的浏览器窗口中打开。

■_new：与_blank类似，将链接的页面用一个新的浏览器打开。

■_parent：如果是嵌套的框架，链接会在父框架或父窗口中打开。如果包含链接的框架不是嵌套框架，则所链接的文档会在浏览器窗口中显示，此时就等同于_top。

■_self：该选项是浏览器的默认值，在当前网页所在窗口或框架中打开链接的文档。如果没有指定目标，则默认在当前网页所在窗口或框架打开链接文档。

■_top：会在完整的浏览器窗口中打开网页。

- 对选中文本插入超级链接，除了用上述浏览文件的方式外，还可以直接在链接文本框中输入链接路径。输入路径时要注意相对路径和绝对路径引用的区别。

4.2.2 图像超链接

给图像插入超链接的方法与给文本插入超链接的方法相同，只是选中的对象不同而已。具体操作技巧如下：

①在Dreamweaver CC中打开"index.html"素材文件。

②选中页面中"春天"下方的图片，单击"属性"面板中的链接文本框并输入p1.html，如图4.9所示。

图4.9 属性检查器

③插入链接地址后，属性检查器中的"目标"下拉列表框被激活，设置链接文档的打开方式为_blank，如图4.10所示。

图 4.10　设置链接目标

4.2.3　空链接

　　空链接就是没有目标端点的链接。利用空链接,可以激活文件中链接对应的对象和文本。当文本和对象被激活后,可以为其添加行为,比如鼠标经过后变换图片,或显示绝对定位的 AP 元素。

　　创建空链接的方法:

　　①在"文档"窗口的"设计"视图中选择文本、图像或对象。

　　②在属性检查器中,在"链接"框中键入 javascript:;(javascript 一词后依次接一个冒号和一个分号)。或者在"链接"文本框中键入#。

4.2.4　脚本链接

　　脚本链接是指给予浏览者关于某个方面的额外信息,不离开当前页面。脚本链接具有执行 JavaScript 代码的功能,例如校验表单等。

　　创建脚本链接的方法:

　　①在"文档"窗口的"设计"视图中选择文本、图像或对象。

　　②在属性检查器的"链接"框中键入"javascript:",后跟一些 JavaScript 代码或一个函数调用。例如:键入"javascript:alert(具体信息请单击导航栏中的链接了解)"。

　　保存网页,单击"预览"按钮,窗口会弹出括号中的提示信息,如图 4.11 所示。

图 4.11　脚本链接

注意:在冒号与代码或调用之间不能键入空格。

4.2.5　锚点链接

　　文档中可以创建锚点,然后通过属性检查器链接到文档指定的锚点位置。这些锚点通常放在文档的主题处、顶部或底部。

　　创建锚点链接的操作方法如下:

　　①在 Dreamweaver CC 中打开"index.html"素材文件,并切换到"代码"视图。

　　②在代码视图中将文本插入点定位到需要添加锚点的位置。比如在<body>标签后,

输入"<a name="top"></a>"代码,如图 4.12 所示。

图 4.12 插入锚点

③单击"设计"视图,可以看到页面顶部出现了一个锚点标记图标 ▲,如图 4.13 所示。

图 4.13 锚点标记图标

④选中页面底端的"返回顶部"文本内容,将其作为创建锚点链接的源端点,在属性检查器的"链接"文本框中输入"#top",如图 4.14 所示。

图 4.14 设置锚点链接

⑤保存文件,预览网页,单击页面底端的"返回顶部"文本,即可跳转到第 2 步所添加的锚点位置。

第5章 网页版面布局

5.1 网页布局概述

5.1.1 概述

网页设计具有传统媒体所没有的优势。它能够将声音、图像、文字还有动画相结合，并且还具有极强的交互性，能让使用者积极地参与其中，仿佛与设计者进行交流。

5.1.2 涉及的相关概念

1）页面尺寸

网页页面其实和显示器大小和分辨率有很大的关系，也就是说，网页页面受制于显示器且无法突破显示器的范围。

目前，显示器的显示比例分为4：3、16：9、16：10。显示器的另一个重要参数是分辨率。目前主流的分辨率是1 024×768、1 280×800、1 440×900、1 920×1 200、1 280×720、1 366×768、1 920×1 080、3 840×2 160等，但是浏览器的可展示范围要小于这些值。因为如果我们设计的页面超出这个范围，浏览器将会自动隐藏超出的部分，并在浏览器的下边和右边出现滚动条。

2）关于第一屏

所谓第一屏，其实就是当我们打开某个网站或者页面的时候，在浏览器中展示出来的初始页面内容。第一屏的页面内容很大一部分决定了初次访问者对网站的印象。对于那些展示性的网站来说，第一屏非常重要。

3）导航栏位置

导航栏是位于页面中的一组导航按钮，它起着链接站点内各个页面的作用。一般情况下，导航栏应该出现在站点的每个页面上，并且是位于页面比较显眼的第一屏某个位置。在以前的网站设计中，绝大部分设计者会将导航栏设计成比较独立的一个页面区域，但是现在越来越多的网站设计师将导航栏和网站的其他部分进行整合，让设计出来的网站更具有观赏性和视觉冲击感。

5.1.3 基本要素

1）页眉

网页设计中的页眉和word类字处理软件里面的页眉很类似，都是指页面上端部分的区域,并且这个区域的内容一般都不轻易改变。这样就使得我们的页面获得了基本的一致性。因为页眉的统一性,所以很多页面都是将网站的 logo 或者是企业的 logo 放置在这个区域,有的甚至将导航栏也放置其中。

2)页脚

页面最底端的位置为页脚,一般这个位置是浏览者很少注意的部分。页脚位置通常被设计者用来介绍网站的相关信息,例如联系方式、地址、版权信息等。页脚也和页眉一样,属于整个网站变化较少的固定输出构件,网站的每个页面都应该保持相同或者相似的页脚。

3)主体

主体就是除去页面中页眉和页脚面积后剩下的部分。这一部分为页面中实质性的内容展示区域。这一区域设计的关键在于以下几点:第一,需要处理好文本中的字体和数量;第二,需要处理好图像在文字中间的位置;第三,需要设计好页面主要内容和站点导航的位置。

4)空白

我们在访问网页的时候或多或少地都会注意到页面其实有很大一部分是没有填充内容的。这一部分区域就是空白区域。可能有人会想,为什么不把这些空白的区域也填满内容呢,让整个页面能传递更多的信息。这样的想法可能是很多人在学习网页设计时都有的冲动,其实这样的想法看似出发点很好,但是当我们将这样的想法付诸实践之后会发现完全没那个必要。原因很简单,当看到现实效果后,我们会产生一种整个屏幕被填得满满,甚至还会感觉到网页有种快要被撑出屏幕的感觉。所以,我们需要合理地安排出一些空白区域,让阅览者轻松愉悦地观看。

5)功能区

有的设计者会在页面的某些位置放置一些功能性模块,这个区域就叫做功能区。一般功能区里面放置有电子邮件快速发送、网站登录、天气等功能。

6)导航区

网站设计中非常重要的一点就是访问者无论查看的是站点内的哪个页面都要能非常方便快捷地跳转回上一级或网站首页,而要实现这点的一个重要工具就是导航。导航所在的页面区域被称为导航区。一般导航区会被布置在页面的顶部或左侧位置。有些网站还会将广告区和导航区进行融合。

7)广告区

顾名思义,这部分页面区域是用于站点自我展示或获取商业利益。它的位置一般是在页面显要位置,例如页眉、左右侧空白空间。广告区的内容大多以文字、图像、动画等为主。广告区设计需要达到醒目、合理。

5.1.4　常用布局结构

1）单列布局

这种布局结构是最常见也是最简单的结构,主要针对那些内容相对单一的网站。其结构如图 5.1 所示。

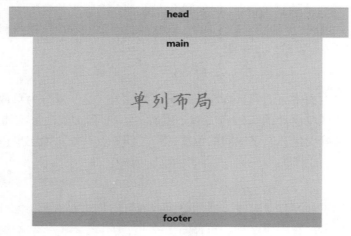

图 5.1　单列布局图

从图 5.1 可以看出,这种布局的页面主要三部分组成,分别是页眉、主体和页脚。最简单的单列布局页面可以访问百度网站首页。

图 5.2　百度网截图

此种页面布局突出了网站的主要功能,干净的界面和较少的干扰信息给用户较好的体验。

2）两列布局

此种布局是在单列布局的基础上将主体部分再进行分割，划分为左右两部分，如图5.3所示。

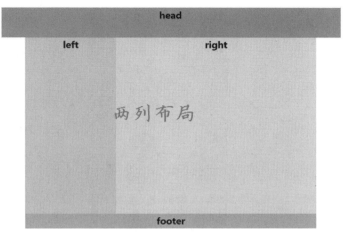

图 5.3　两列布局图

图 5.4　知乎网截图

3）三列布局

三列布局是在两列布局的基础上进一步划分，将单列布局中的主体部分划分为左右窄、中间宽的布局形式，如图 5.5 所示。

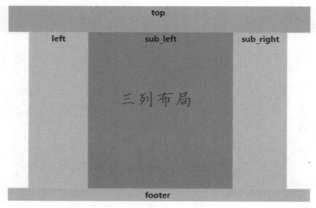

图 5.5　三列布局图

此种页面布局可以将更多内容信息展示出来，如图 5.6 所示的腾讯网首页。

图 5.6　腾讯网截图

除了前面提到的三列式布局,还有衍生型布局,如图5.7所示。

图5.7 淘宝网站截图

图5.7中网站的布局可以称为衍生型布局。这种布局形式结合了前面三种的特点。我们在设计网站的时候也可以合理运用这些布局让页面更加合理,这需要我们根据网站内容而定。

5.2 网页模板的使用

一个网站是由一张或者多张网页组成的,所以网页是构成网站的基础。一张网页有时又称为网站的一个页面。网站设计就是要制作出许多内容展示页面,并且给每个页面设置链接。虽然很多网站的页面有很多,但是它们的布局基本结构是基本一致的,这时就可以制作一个模板,再通过这个模板为基础制作出不同的页面。

5.2.1 概述

网页模板就像是工业生产中用到的模具一样,我们在制作网站网页之前就可以先设计制作出一个或者多个页面模板,然后在此基础上快速制作出更多页面。

5.2.2 模板的创建

1)直接创建模板

在Dreamweaver菜单栏的"文件"菜单中选择"新建",在弹出的"新建文档"对话框中选择"新建文档"→"</>HTML 模板"选项,最后单击右下角的"创建"按钮,就可以创建一个空模板。

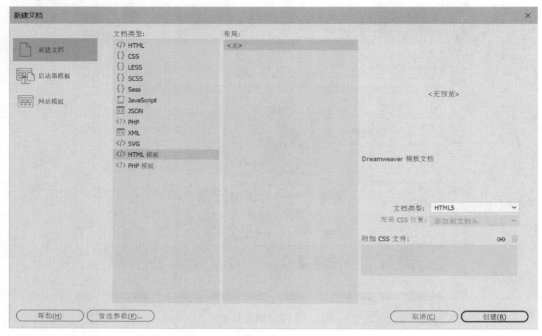

图 5.8　创建模板

模板中添加可编辑区域的方法:在 Dreamweaver 菜单栏"插入"菜单中选择"模板",在二级菜单中选择"可编辑区域"。在弹出的"新建可编辑区域"对话框中给该新建的可编辑区命名后单击"确定"按钮,如图 5.9 所示。完成可编辑区的创建。

图 5.9　新建可编辑区域

2)将现有页面转换为模板

除了前面介绍的从头制作一张网页模板以外,还可以将现有的网页转换为模板,并应用于制作网站其他页面之中。操作步骤如下:

①打开一张之前制作好的页面文件,在"文件"菜单中选择"另存为模板"选项,如图 5.10 所示。

②在图片中的"另存为"对话框中输入模板名称,便于后期使用,还可以在"描述"对

话框中输入相应的说明性文字,单击"保存"按钮后会出现更新链接提示对话框,如图5.11
所示。

图 5.10 另存模板   图 5.11 更新链接

③单击"是"按钮,确定更新后会在站点中创建一个扩展名为".dwt"的模板文件,并保存到站点中的"Templates"文件夹中。

然后,我们就可以在这个模板中添加新的可编辑区域。添加操作和前面介绍的制作模板文件相同,即选择"插入"菜单中的"模板"子菜单中的"可编辑区域"命令。当把所有可编辑区域都添加完成后选择"保存"命令,我们就完成了将一个现有网页文件转换为网页模板的操作。

5.2.3 基于模板制作网页

有了模板后,我们就可以使用它非常方便地创建更多版式相似的页面了,也可以用这样的模板来创建更多新的模板。

①在"文件"菜单中找到"新建"命令,在出现的"新建"对话框中选择模板,如图 5.12
所示。

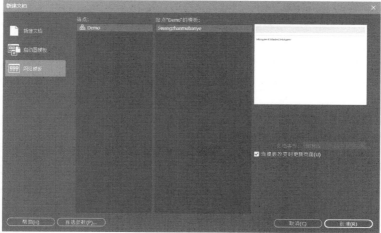

图 5.12 选择模板

②在最左边的选择列表中选择"网站模板"选项,"站点"列表中选择需要新建页面的站点名,然后在对应站点模板文件列表中选择相对应的模板文件,然后单击"创建"按钮,就可以进入由模板创建的页面,如图 5.13 所示。

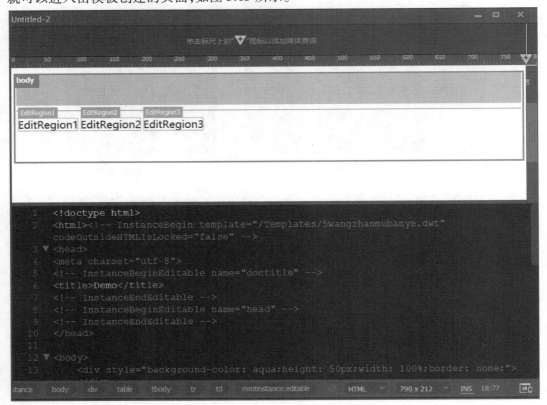

图 5.13　模板创建页面

5.3　表格布局技术

表格系列标签是用来在网页中制表用的,后来大家发现还可以用它来对页面进行区域划分,于是便有了表格布局技术。但是,自从有了更加优秀的 CSS+Div 后,表格布局技术用的机会也就越来越少了。

5.3.1　表格标签介绍

表标签<table>是网页中非常重要的块级元素,可以用它来定位文字和图像。网页中的表格由<table>标签划分出主要区域,再由<tr>行标签和<td>列标签划分出单元格。

5.3.2　使用表格布局页面

按照一般的设计,大多数页面都划分为三部分,分别是页眉、主体和页脚。如果使用表格对页面进行布局,则可以在页眉、主体和页脚这三处分别放置三个表格元素来实现页面划分。

　　如图 5.14 所示,我们在页面中添加了三个一行一列的表格,但是它们并不会自动填满所在的页面区域。因此,我们接下来的操作就是设置这三个表格,让它们将页面的横向空间填满,如图 5.15 所示。

```
<body>
    <!--页眉-->
    <table>
        <tr>
            <td></td>
        </tr>
    </table>
    <!--主体-->
    <table>
        <tr>
            <td></td>
        </tr>
    </table>
    <!--页脚-->
    <table>
        <tr>
            <td></td>
        </tr>
    </table>
</body>
</html>
```

图 5.14　页面代码

```
<body>
    <!--页眉-->
    <table width="100%">
        <tr>
            <td></td>
        </tr>
    </table>
    <!--主体-->
    <table width="100%">
        <tr>
            <td></td>
        </tr>
    </table>
    <!--页脚-->
    <table width="100%">
        <tr>
            <td></td>
        </tr>
    </table>
</body>
```

图 5.15　页面代码

　　图 5.15 中的表格<table>元素中添加"width",宽度属性为"100%"才能完全占满页面宽度。接下来,我们就可以在相应的表格<table>中添加新的表格标签来对相应区域进行更加详细的划分。

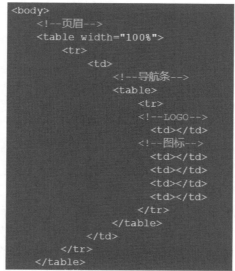

```
<body>
    <!--页眉-->
    <table width="100%">
        <tr>
            <td>
                <!--导航条-->
                <table>
                    <tr>
                    <!--LOGO-->
                        <td></td>
                    <!--图标-->
                        <td></td>
                        <td></td>
                        <td></td>
                        <td></td>
                    </tr>
                </table>
            </td>
        </tr>
    </table>
```

图 5.16　页面代码

如图 5.16 所示,我们根据需要在页眉表格<table>中添加了一个二级表格<table>,并在里面设置了一行 5 个单元格。第一个单元格设置为放置网站图标 LOGO 元素,其余四个单元格放置网站导航图标。

5.4　块布局技术

前面提到的表格布局中使用的表格元素也属于块级元素,但是表格布局中的表格是由一系列的表格类标签组合而成,并且为了实现相应的布局设计需要在表格中嵌套表格,这样就大大增加了编写难度和阅读难度。既然表格这种块元素可以用作页面布局,那么只需要找一个更好的替代表格的块级元素就可以解决表格嵌套的难题。

5.4.1　块元素与内联元素

1)块元素

在寻找更好的块元素之前,先来了解一下什么是块元素。其实,块元素就是外形为矩形,需要设置宽度和高度的页面元素。换一种说法,块元素是一旦放置就会占用页面空间的元素,且前后元素会自动换行。一般我们会用块元素来充当其他元素的容器。

常见的块元素见表 5.1。

表 5.1　常用块元素表

标签	说明
<p>	段落
<table>	表格
<div>	块,常用块级元素
<form>	交互表单
<ul>/<ol>	无序/有序列表
<h1>~<h6>	标题
<menu>	菜单列表
<address>	地址

以上列表中的块级元素最合适的就是<div>块,只需一个标签就可实现页面区域的分配。

当然,只有<div>块元素,是无法实现灵活布局的,需要配合层叠样式表(Cascading Style Sheets,CSS)。如果没有层叠样式表的作用,块元素会按照顺序每个至少占用一行的方式进行排布,若要对一行空间进行细分,就还不如用表格来得容易。

2）内联元素

内联元素，或者叫做内嵌元素、行内元素。它就与块元素正好相反，无实际高度和宽度，相互之间不会换行。常用内联元素有<a>和<span>标签。

块元素和内联元素，它们都是 HTML 中的概念，最主要的区别就是块元素都从新行开始，而内联元素不是。但当我们引入层叠样式表之后，这两个概念之间的界限就变得较为模糊了。因为，可以给内联元素添加一个 display:block 属性值，让它具有像块元素一样占用页面一定宽度和高度。

5.4.2 <div>标签

1）属性

<div>标签只有一个 align 属性，但是在 HTML5 标准中，该属性为不推荐。通过前面内容的学习，我们应该知道 align 属性的作用是设置元素的对齐方式。

2）使用

前面使用表格对页面划分出页眉、主体和页脚，三部分采用的是页面中添加一个三行一列的表格或者三个一行一列的表格，如果换成<div>块来实现的话，我们可以采用如图5.17 所示的操作。

图 5.17　页面代码

从此实例可以看出，使用<div>块来对页面进行布局要比采用表格进行布局简洁很多，后面再配合层叠样式表就可以变换出更多新颖的布局形式。

5.5 HTML5 布局技术

通过前面表格布局技术和块布局技术的学习,我们会发现一个问题,就是采用这些布局技术的时候需要配合 HTML 注释才能增加文档的易读性。那有没有不需要特别注释就可让人明白页面的布局情况的技术呢? 答案就是 HTML 的最新版本 HTML5。这个版本加入了一些新的语义化标签和属性,让开发者可以非常方便地实现清晰的页面布局。

新版 HTML5 中加入的定义页面不同部分的语义元素标签,见表 5.2。

表 5.2 HTML5 新增布局语义标签

标签	说明
<header>	文档或节规定页眉
<nav>	定义导航链接集合
<section>	定义文档中的节
<article>	规定独立的自包含内容
<aside>	页面主内容之外的某些内容(比如侧栏)
<footer>	为文档或节规定页脚

HTML5 新增定义结构语义元素页面分区示意图,如图 5.18 所示。

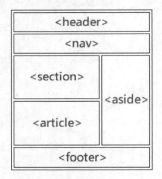

图 5.18 新增结构语义元素页面分区示意图

第 6 章　CSS 层叠样式表

6.1　CSS 层叠样式表简介

层叠样式表(Cascading Style Sheets,CSS)用于定义如何显示 HTML 元素。

6.1.1　创建

1)外部样式表

外部样式表是使用较为广泛的一种样式表,它的优势是能应用于很多页面的情况。在此种情况下,可以通过改变一个文件来改变整个站点的外观,而每个页面使用\<link\>标签链接到样式表。\<link\>标签在网页文档的头部(\<head\>标签中),如图 6.1 所示。

```
1    <!doctype html>
2 ▼  <html>
3 ▼  <head>
4       <link rel="stylesheet" type="text/css" href="css/stylesheet.css">
5    <title>Demo</title>
6    </head>
```

图 6.1　部分代码

浏览器将会从 CSS 文件夹中读取 stylesheet.css 文件中的样式声明,并根据它来格式化文档。因为.css 样式表文件是一个文本文档,所以任何具有文档编辑功能的软件都可以对它进行编辑。需要说明的是,样式表文件中不能包含 HTML 标签。

2)内部样式表

当某一个页面文档需要单独设置样式的时候,可以选用内部样式表。内部样式表是在网页头部添加一组\<style\>标签,并把样式写在里面,如图 6.2 所示。

```
1    <!doctype html>
2 ▼  <html>
3 ▼  <head>
4 ▼     <style type="text/css">
5         hr {color: sienna;}
6         p {margin-left: 20px;}
7         body {background-image: url("images/back40.gif");}
8       </style>
9    </head>
```

图 6.2　部分代码

内部样式表主要针对页面需设置样式元素不是太多的情况,如果相反,则建议使用外部样式表,或者针对初学者可以使用内联样式表。

3) 内联样式表

要使用内联样式表，我们就需要在相关的标签内使用样式属性（style），可以将任何的 CSS 样式表属性包含在样式属性中，如图 6.3 所示。

```
 1   <!doctype html>
 2 ▼ <html>
 3 ▼ <head>
 4   <meta charset="utf-8">
 5   <title>test</title>
 6   </head>
 7
 8 ▼ <body>
 9       <p style="font-size: 10pt;color: blue;">测试案例</p>
10   </body>
11   </html>
```

图 6.3　代码片段

如图 6.3 所示，段落标签采用的就是内联样式，具体设置为字体大小为 10pt，颜色为蓝色。通过此例子可以看出内联样式段落标签的内容和表现是放在一起的。这样的形式让样式表丢掉了它最大的优势，所以在一般情况下建议慎用这种方法。

4) 多重样式

有些情况下，我们可能既在外部样式表中，也在内部样式表和内联样式表中对相同的选择器进行定义。例如，外部样式表针对 P 选择器的三个属性进行了定义，如图 6.4 所示。

```
 4 ▼ p{
 5       color: red;
 6       text-align: left;
 7       font-size: 8pt;
 8   }
```

图 6.4　代码片段

而内部样式表也对 P 选择器的两个属性进行了定义，如图 6.5 所示。

```
 6 ▼     <style type="text/css">
 7 ▼       p{
 8             text-align: right;
 9             font-size: 20pt;
10         }
11     </style>
```

图 6.5　代码片段

这个时候，页面中的其中一个段落标签内设置了内联样式，如图 6.6 所示。那么，将段落标签和内联样式表所在的页面与外部样式表链接，则这个段落 p 得到的样式如图 6.7 所示。

```
14 ▼ <body>
15       <p style="font-size: 10pt;color: blue;">测试案例</p>
16   </body>
```

图 6.6　代码片段

```
text-align: right;
font-size: 10pt;
color: blue;
```

图 6.7　代码片段

从这里可以得出段落 p 的颜色属性和字体,尺寸属性继承于内联样式,而文字的排列继承于内部样式表。外部样式表的属性定义就被忽视了。

一般而言,所有的样式会根据下面的规则层叠于一个新的虚拟样式表中:

- 浏览器缺省设置;
- 外部样式表;
- 内部样式表;
- 内联样式表。

在这个虚拟的样式表中,内联样式拥有最高的优先权,而浏览器缺省设置的优先权最低。

6.1.2　语法

1)基础语法

CSS 的规则主要由两个部分组成,一部分是选择器,另一部分是一个或者多个声明。

(1)选择器

选择器通常是需要改变样式的 HTML 元素。选择器又可分为派生选择器、ID 选择器、类选择器和属性选择器四种。选择器就好比指针,由它去指向那些需要设置外观的页面元素。

- 派生选择器。又称为上下文选择器,依据元素在其位置的上下文关系来定义样式。这样可以使标记更加简洁。比如在下面这个案例中,开发者想让列表中的 strong 元素变为斜体字,而不是通常默认的粗体字。

可以如图 6.8 这样定义一个派生选择器:

```
li strong{
    font-style:italic;
    font-weight: normal;
}
```

图 6.8　代码片段

```
<p><strong>我是粗体字,不是斜体字,因为我不在列表当中,所以这个规则对我不起作用</strong></p>
<ol>
<li><strong>我是斜体字。这是因为 strong 元素位于 li 元素内。</strong></li>
<li>我是正常的字体。</li>
</ol>
```

图 6.9　代码片段

图 6.9 中"li strong"即为派生选择器。通过对前面图中上下文分析,此选择器指定的就是有序列表<ol>中的 strong 元素。花括号内的内容即为申明。

- ID 选择器。ID 选择器可以为标记有特定 ID 的 HTML 元素指定样式效果。ID 选择器以符号"#"开始,后面是页面元素定义的 ID 名。如图 6.10 所示代码在页面上定义了两个 ID 的段落<p>元素。

```
<p id="red">这个段落是红色。</p>
<p id="green">这个段落是绿色。</p>
```

图 6.10　代码片段

如果要将这两个段落分别定义为红色和绿色,这就需要在样式表中进行如图 6.11 所示的定义。

```
#red {color:red;}
#green {color:green;}
```

图 6.11　代码片段

在有些情况下,ID 选择器可以用来构建派生选择器,代码如图 6.12 所示。

```
#sidebar p {
    font-style: italic;
    text-align: right;
    margin-top: 0.5em;
}
```

图 6.12　代码片段

图 6.12 所示这种情况,只会应用于 ID 是“sinderbar”的元素内的段落。即使这个被标注 ID 为“sidebar”的元素只能在文档中出现一次,但这个 ID 选择器派生出来的选择器则可以使用多次。比如,在 ID 标注为“sidebar”内还有元素<h2>标题元素,则可以如图 6.13 所示代码这样运用。

```
#sidebar p {
    font-style: italic;
    text-align: right;
    margin-top: 0.5em;
}
#sidebar h2 {
    font-size: 1em;
    font-weight: normal;
    font-style: italic;
    margin: 0;
    line-height: 1.5;
    text-align: right;
}
```

图 6.13　代码片段

图 6.13 这种情况,和页面中其他<p>元素和<h2>元素明显不同的是,ID 标注为“sidebar”中的<p>和<h2>元素都得到了不一样的效果处理。当然,如前面 ID 选择器单独使用一样,其效果就如直接在 HTML 元素中直接进行属性设置,因为一个页面文件中 ID 标记是唯一的。在样式表中对每个 ID 选择器进行逐一声明是效率非常低也是非常不明智的做法。

● 类选择器。CSS 规则规定,类选择器以一个点号“.”为开始,代码如图 6.14 所示。

```
.center {
    text-align: center;
}
```

图 6.14　代码片段

图 6.14 所示的例子中,页面中所有拥有类 class 为 center 的 HTML 元素均居中展示。这里就需要回到 HTML 基础知识部分了。在这部分的学习中,我们学的 HTML 页面元素基本都有 class 类属性,并且不同元素的 class 类属性的值是可以相同的,代码如图 6.15 所示。

```
<h1 class="center">This heading will be center-aligned</h1>

<p class="center">This paragraph will also be center-aligned.</p>
```

图 6.15　代码片段

图 6.15 中的这段示例代码中,<h1>和<p>元素都有值为 center 的类,这就意味着两个元素都必须遵循前面".center"这个类选择器中定义的规则。同样的,我们也可以像 ID 选择器一样在类选择器的基础上面派生出一个或者多个派生选择器。

```
.center p{
    font-style: italic;
}
```

图 6.16　代码片段

● 属性选择器。在 CSS 样式表的规则中,并不是只有 class 类和 ID 属性可以作为选择器,我们还可以使用 HTML 元素的其他属性设置样式。如图 6.17 所示例子,我们可以为带有 title 属性的页面中所有元素设置样式。

```
[title]{
    text-align: right;
}
```

图 6.17　代码片段

既然元素的 title 属性能作为选择器,那么也可以将"属性+值"的形式作为选择器,代码如图 6.18 所示。

```
[title="mytitle"]{
    font-size: 12pt;
}
```

图 6.18　代码片段

这个例子向我们展示的是,当页面中元素只要属性 title 为"mytitle"的值,都要使用这里设置的字体大小样式。

（2）声明

声明由属性和值构成,并且每条声明都是由一个属性和与之匹配的一个值组成。页面元素一般最少包括一种属性,在没有特别申请的时候都是默认值,只有在申明中指定属性并设置与之匹配的值后,该元素在页面中的展现才会被改变。

2）高级语法

（1）选择器分组

我们可以使用逗号对选择器进行分组，被分组的选择器就可以共享相同的声明。如图 6.19 中的例子，我们对所有的标题元素进行了分组，且声明了它们的颜色为绿色。

```
h1,h2,h3,h4,h5,h6{
    color: green;
}
```

图 6.19　代码片段

（2）继承

根据 CSS 样式表的规则，子元素从父元素继承属性。但是，它并不都是按照此规则工作的。如图 6.20 这个例子，页面中的 body 元素将使用 Verdana 字体（假定当前电脑中存在该字体）。又根据前面提到的继承规则，子元素将继承最高元素 body 所拥有的属性而不需要另外的规则。但是，现实和理想是有差距的。出于不同的原因，不同的浏览器厂商的产品对标准的支持并不一致。因此，要使页面在不同浏览器中展现基本相同的效果，就需要对不同浏览器进行相应的适配设置。

```
body {
    font-family: Verdana, sans-serif;
}
```

图 6.20　代码片段

6.2　样　式

6.2.1　背景

样式表允许应用纯色作为背景，也允许使用背景图像创建复杂的效果。这方面，样式表的能力远远超过了 HTML。

1）修改颜色

修改背景颜色可以使用 background-color 属性来为页面元素配置。此属性可以接受任何合法的颜色值。样式表中的合法颜色值有：十六进制色、RGB 颜色、RGBA 颜色、HSL 颜色、HSLA 颜色、预定义/跨浏览器颜色名。

如果我们需要将页面中的段落元素背景设置为蓝色，可按图 6.21 中操作。

```
p{
    background-color: blue;
}
```

图 6.21　代码片段

background-color 属性可以为所有元素设置背景色，但是它不能被继承。background-color 属性的默认值是 transparent。这里的 transparent 可以理解为透明,换一种说法就是如果一个元素没有指定特定的背景色的情况下,它的背景就是透明的,这样它的父元素及祖辈元素的背景才能展示出来。

2)修改背景图像

如果要使用图像作为背景,那么就需要使用 background-image 属性。background-image 属性的默认值是 none,代表的是元素背景上没有任何的图像。如果需要给元素设置一个背景图像,那么应首先在站点中新建一个文件夹,然后将图像文件放在这个文件夹里面,然后给 background-image 属性设置这个背景图像文件的 URL 值,如图 6.22 所示。

```
body{
    background-image: url("image/bg_01.gif");
}
```

图 6.22　代码片段

一般情况下,背景都是应用于 body 元素,其实还可以将图像应用于其他元素。比如图 6.23 所示代码就是为一个段落应用了一个背景,并且这个背景不会影响文档中的其他内容。

```
p.center{
    background-image: url("image/bg_02.gif");
}
```

图 6.23　代码片段

除了上面的这个例子以外,我们甚至还可以给行内元素设置背景图像,如图 6.24 所示代码。

```
a.center{
    background-image: url("image/bg_03.gif");
}
```

图 6.24　代码片段

这里需要再强调一下,background-image 和 background-color 一样也是不能继承的。其实,所有的背景属性都是不能被继承的。

3)背景重复

可以使用 background-repeat 属性,此属性只在背景使用图像的时候才有意义。它的作用是图像大小无法填满整个页面的时候指定图像的操作。属性值 repeat-x、repeat-y 能分别让图像在水平、垂直方向上进行重复平铺,而属性值 no-repeat 则是让图像在任何方向上都不重复平铺。如图 6.25 所示例子,背景图像将从一个元素的左上角开始沿页面左侧纵向进行平铺复制。

```
body{
    background-image: url("image/bg_01.gif");
    background-repeat: repeat-y;
}
```

图 6.25　代码片段

4）背景定位

在图像作为背景的前提下，如果不想让图像重复，便可使用背景图像定位属性 background-position 来改变图像在背景中的位置。默认在没有重复情况下，图像左上角对齐页面左上角。background-position 属性的值有三种，分别是关键字、百分数值和长度值。下面将用三个例子来说明。

实例 1：如果想让页面中的每个段落的中部上方出现一个图像，则可如图 6.26 所示代码进行声明。

```
p{
    background-image: url("image/bg_01.gif");
    background-repeat: no-repeat;
    background-position: center;
}
```

图 6.26　代码片段

这个实例中的 background-position 属性值使用的就是前面提到的第一种关键字。这里的属性值 center 还可以用 center center 来代替，代码如图 6.27 所示。

```
p{
    background-image: url("image/bg_01.gif");
    background-repeat: no-repeat;
    background-position: center center;
}
```

图 6.27　代码片段

以上两种属性值的设置效果都是一样的。可以理解为前面一种是后面这种的简化。两种描述的对比见表 6.1。

表 6.1　表述形式对比

单一关键字	等价的关键字
center	center center
top	top center 或 center top
bottom	bottom center 或 center bottom
right	right center 或 center right
left	left center 或 center left

实例 2：如果想更加精确地对图像背景进行定位，可以使用百分数值描述方式，代码如图 6.28 所示。

使用百分数值描述方式，其值将同时作用于元素和图像。图 6.28 中的实例背景图的中心点与元素的中心点对齐。如果想把一个图像放在水平方向 2/3、垂直方向 1/3 处，则可如图 6.29 中所示代码进行声明。

```
body{
    background-image: url("image/bg_01.gif");
    background-repeat: no-repeat;
    background-position: 50% 50%;
}
```

图 6.28 代码片段

```
body{
    background-image: url("image/bg_01.gif");
    background-repeat: no-repeat;
    background-position: 66% 33%;
}
```

图 6.29 代码片段

在有些情况下,如果只注明了一个百分值,这个值将作为水平值使用,垂直值将默认使用 50%。

实例 3:如果想将图像背景定位于页面的位置更加精确的话,可以采用长度值的方式,代码如图 6.30 所示。

```
body{
    background-image: url("image/bg_01.gif");
    background-repeat: no-repeat;
    background-position: 50px 100px;
}
```

图 6.30 代码片段

5)背景关联

当页面文档比较长,而背景图像大小固定且不为平铺填充的情况下,文档向下滚动的时候背景图像也要随着一起滚动。在文档滚动超过图像的长度时,图像就消失了。为了避免这种情况的出现,可以通过设置 background-attachment 属性值为固定(fixed)来实现,代码如图 6.31 所示。

```
body {
    font-family: Verdana, sans-serif;
    background-image: url("image/bg_01.gif");
    background-repeat: no-repeat;
    background-attachment: fixed;
}
```

图 6.31 代码片段

background-attachment 属性默认值为 scroll,背景图像会随着文档的滚动而滚动。

6.2.2 文本

通过文本属性,我们可以自由定义文本的外观,例如文本的颜色、字符间距、对齐文本、装饰文本、缩进等。

1）文本缩进

写文章的时候，每一个段落的起始行需要后退两个字的距离。这就是文本最常见的一种缩进格式。CSS 中提供了 text-indent 属性来实现文本第一行指定长度的缩进，甚至该长度可以为负值。

```
p{
    background-image: url("image/bg_01.gif");
    text-indent: 2em;
}
```

图 6.32　代码片段

如图 6.32 所示，我们将此页面中的所有段落设置为首行缩进两个字符。这就是典型的中文文章的缩进格式。这里的"em"是一个网页制作中常用度量单位。"em"表示的是相对尺寸，它相对于当前属性作用对象内文本的"font-size"属性（如果当前对象内文本的"font-size"属性的单位也为"em"，则当前对象内文本参考对象为父级元素文本的"font-size"）。

需要特别注意的是，可以为所有块级元素应用"text-indent"，但是不能应用于行内元素、图像之类的替换元素上。但是，如果一个块级元素的首行中有一个图像，它会随着所在行其余文本的移动而移动。

如果要在一个行内元素进行"缩进"效果，我们可以采用修改此行左内边距或者外边距来实现。

"text-indent"属性可以设置为负值。当值为负时，可以实现一些有趣的效果，比如悬挂缩进。所谓悬挂缩进，就是将第一行悬挂在元素中余下部分的左侧。不过，当给某个元素的"text-indent"属性设置为负值时，为了避免出现这些元素某些文本超出浏览器窗口边界的问题，作者建议对该元素再设置一个外边框或一些内边框，如图 6.33 所示。

```
p{
    text-indent: -5em;
    padding-left: 5em;
}
```

图 6.33　代码片段

"text-indent"属性也可以使用百分比值，即相对于父元素的宽度，代码如图 6.34 所示。

```
div{
    width: 500px;
}
p{
    text-indent: 20%;
}

<div>
    <p>this is a paragragh</p>
</div>
```

图 6.34　代码片段

图 6.34 中，段落的父元素宽度为 500px，缩进量是父元素的 20%，即 100px。

需要注意的是，"text-indent"属性可以继承。

2）文本对齐

对齐一般包含水平和垂直两个方向。但对于网页文本元素，我们普遍只设置其水平方向的对齐方式，这里我们就要用到"text-align"属性，使用它可以设置一个元素中的文本行相互之间的对齐方式。"text-align"属性有三个常用值分别是"left""right""center"。这三个值分别让对应的文本行左对齐、右对齐、居中对齐。

世界上绝大部分的语言都是从左向右读取，所以"text-align"属性的默认值是"left"。而例如希伯来语、阿拉伯语等语言，它们的"text-align"属性默认值是"right"，那是因为它们阅读习惯是从右往左。

在某些情况下，我们也可以使用"text-align"属性来对块级元素还有表格元素进行位置设置，但是在此之前需要对这些元素适当地设置左右外边距。

在此，需要单独将<center>标签和"text-align"属性值为"center"的情况做一个简单的对比。从表面上来看，它们两个都可以将对应的操作对象达到居中的效果。但是，实际上两者区别还是很大的。首先说说"<center>标签"。它不仅能作用于其中的文本，还会控制其中的所有内容居中，包括元素。而"text-align：center"一般不会控制元素的对齐，它只是影像元素内部的文本内容。

"text-align"属性除了前面提到的三种常用值以外，还有一个"justify"值。它的作用是将对应的文本内容进行两端对齐。在两端对齐文本中，文本行的左右两端都是放在父元素的内边界上，然后再来调整文本每行文字之间的间距，使得每行的长度都一样。

3）字间距

使用"word-spacing"属性可以改变文字或者单词之间的间隔距离。当值为"normal"和"0"时得到的效果是一样的。

"word-spacing"属性值可以是正值，也可以是负值。当为正值的时候，字与字之间的距离增大；当为负值的时候，字与字之间的距离缩小。具体如图6.35所示代码，效果如图6.36所示。

```html
<!doctype html>
<html>
<head>
<meta charset="utf-8">
<title>字符间距</title>
    <style type="text/css">
        .kuan{
            word-spacing:50px;
        }
        .zhai{
            word-spacing:-0.7em;
        }
    </style>
</head>

<body>
    <p>正常文本间距</p>
    <p class="kuan">加宽间距文本</p>
    <p class="zhai">文本间距变窄</p>
    <p class="zhai">文本间距变窄</p>
</body>
</html>
```

图6.35　代码片段

图 6.36　效果图

从这个实例可以看出,我们没有对第一排文字设置任何样式,第二排在输入文本的时候在每个字之间添加了空格,出来的效果就是字与字之间的间距被增大了。第三排虽然应用了样式,但是和第一排的文字间距并没有什么区别。第四排文字采用和第二排文字一样的方式,在文字中间添加了空格,再加上样式的运用,出来的效果跟第三排明显不同。

4)字母间距

我们可以使用"letter-spacing"属性来对字母之间的间隔距离进行修改。"letter-spacing"属性的取值可以是所有的长度单位,默认值是"normal",效果和值为"0"时相同。属性值可以是正数,也可以是负数,效果就是按照指定数量对字符间距增加或者缩小。图6.37 所示代码,效果如图 6.38 所示。

```
<title>字母间距</title>
    <style type="text/css">
        .letter_k{
            letter-spacing: 5px;
        }
        .letter_z{
            letter-spacing: -0.4em;
        }
    </style>
</head>
<body>
    <p>正常文本间距</p>
    <p class="letter_z">文本字母间距缩小</p>
    <p class="letter_k">文本字母间距增大</p>
</body>
</html>
```

图 6.37　代码片段

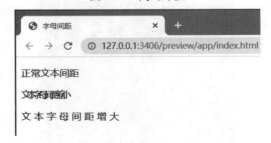

图 6.38　效果图

从此实例可以看出,要增加汉字与汉字之间的距离,一般使用"letter-spacing"属性。相对而言,"word-spacing"属性稍显麻烦,需要开发者在输入文字的同时于每个文字之间添加空格。

5) 字符转换

字符转换实际就是在针对西文文字的时候对文本进行大小写的转换。字符转换用到的是"text-transform"属性。此属性有"none""uppercase""lowercase""capitalize"四个值,分别对应的是对应文本不做任何改动、文本全部大写、文本全部小写和首字母大写四种效果。

这个功能虽然看似可有可无,但是当开发者在已经写好的源文档中突然决定要把所有的标题元素变为单词首字母大写的时候,这个属性就非常有用。不必单独地对标题中的首字母进行文本更改,只需使用"text-transform"属性并设置值为"capitalize"即可。如图6.39所示代码,效果如图6.40所示。

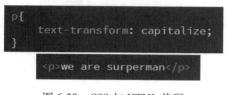

图 6.39 CSS 与 HTML 代码

图 6.40 效果图

6) 文本装饰

对页面中文本进行装饰就要用到"text-decoration"属性。这个属性有 5 个值,分别是"none""underline""overline""line-through""blink",对应的实现效果分别是无效果、下划线、上横线、删除线(贯穿线)、闪烁文本。

"text-decoration"属性一个有意思的地方就是它可以不用像其他属性一样只赋一个值,而可以同时赋多个值,如图 6.41 所示代码。

```
p{
    text-decoration: line-through overline;
}
```

图 6.41 代码片段

7) 处理空白符

"white-space"属性用来处理用户源文档中的空格,还包括换行和 tab 字符的处理。该属性常用值包括"pre-line""nomal""nowrap""pre""pre-wrap"。

当我们使用该属性的时候,能对浏览器处理文字之间和文本行之间的空白产生影响。如图 6.42 所示代码,效果如图 6.43 所示。

从此实例可以看出,在 HTML5 中已经默认完成了空白的处理。所以我们在上面这个实例中看到浏览器将各单词之间的多余空格都忽略了,并且换行也被忽略。

如果我们设置值为"pre"会出现什么情况呢?如图 6.44 所示代码,效果如图 6.45 所示。

从上面实例可以看出,将值设置为"pre"后,对应文本将会保持原格式,浏览器不会将多余的空白进行处理,空白符不会被忽略。

这里需要特别说明的是,IE7 以及更早版本的浏览器是不支持值为"pre"的。如果我

```
<!doctype html>
<html>
<head>
<meta charset="utf-8">
<title>空白处理</title>
    <style type="text/css">
        .WhiteSpace{
            white-space: normal;
        }
    </style>
</head>
<body>
    <p>This        paragraph has       many
    spaces              in it.</p>
    <p class="WhiteSpace">This        paragraph has       many
    spaces              in it.</p>
</body>
</html>
```

图 6.42　代码片段

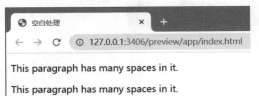

图 6.43　效果图

```
<!doctype html>
<html>
<head>
<meta charset="utf-8">
<title>空白处理</title>
    <style type="text/css">
        .WhiteSpace{
            white-space:pre;
        }
    </style>
</head>
<body>
    <p>This        paragraph has       many
    spaces              in it.</p>
    <p class="WhiteSpace">This        paragraph has       many
    spaces              in it.</p>
</body>
</html>
```

图 6.44　代码片段

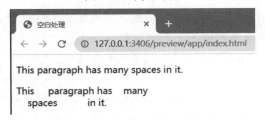

图 6.45　效果图

们将值"pre"改成"pre-wrap",效果如图 6.46 所示。

图 6.46　效果图

从图 6.46 可以看出,值为"pre-wrap"和"pre"没有什么不同。值"pre-wrap"是 CSS 2.1 引入的新值。CSS 2.1 除了引入了值"pre-wrap",还同时引入了值"pre-line"。那么,如果将前面实例中的值换成"pre-line",则效果如图 6.47 所示。

图 6.47　效果图

从图 6.47 可以看出,值为"pre-line"时的效果和值为"pre""pre-wrap"的效果有明显的区别。在值为"pre"和"pre-wrap"时,文本中的空格得到了完整保留,而当值为"pre-line"时,文本中多个连续的空格被一个空格取代,但是换行得到了保留。

最后一种情况,当值为"nowrap"时,效果如图 6.48 所示。

图 6.48　效果图

从图 6.48 可以看出,当前的情况值为"nowrap"和值为"pre""pre-wrap"没有明显的区别。表 6.2 说明了五种值完整的作用效果。

表 6.2　五种值作用效果表

值	空白符	换行符	自动换行
pre-line	合并	保留	允许
normal	合并	忽略	允许
nowrap	合并	忽略	不允许

续表

值	空白符	换行符	自动换行
pre	保留	保留	不允许
pre-wrap	保留	保留	允许

8)文本方向

目前世界上的语言并不是都遵从从上往下、从左往右的阅读习惯的,所以需要对页面中的文本方向做相应的设置。在设置文本方向时,我们就要用到"direction"属性。该属性能够影响块级元素中文本的书写方向、表格中列布局的方向、内容水平填充其元素的方向,以及两端对齐元素中最后一行的位置。需要注意的是,行内元素只有在属性"unicode-bidi"的值为"embidi"或者"bidi-override"时才会应用"direction"属性的值。图 6.49 所示代码,效果如图 6.50 所示。

```
<!doctype html>
<html>
<head>
<meta charset="utf-8">
<title>空白处理</title>
    <style type="text/css">
        .WhiteSpace{
            white-space:nowrap;
            direction:rtl
        }
    </style>
</head>
<body>
    <p>This     paragraph has    many
    spaces         in it.</p>
    <p class="WhiteSpace">This     paragraph has    many
    spaces         in it.</p>
</body>
</html>
```

图 6.49 代码片段

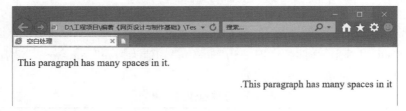

图 6.50 效果图

从图 6.50 可以看出,浏览器会自动检测文本,如果文本不属于从右向左阅读习惯的语言是不会出现将文本中的单词一个个拆分再从右向左排列的情况。

"direction"属性值有两个,分别是"ltr"和"rtl"。默认值是"ltr",即文本从左往右排布。

6.2.3　字体

CSS 样式表中,字体属性定义文本主要包括字体系列、字体大小、粗细、风格和变形几个方面。

1) 字体系列

在 CSS 样式表中,字体按照通用和特定两个系列进行划分。通用字体就是拥有相似外观的字体系统组合,而特定字体是具体的字体系列。通用字体系列,例如"Serif"和"Monospace";特殊字体,比如"Time"和"Courier"。

CSS 中定义了五种通用字体系列,分别是:Serif 字体、Sans-serif 字体、Monospace 字体、Cursive 字体、Fantasy 字体。

如果要在页面中指定字体就需要用到"font-family"属性,代码如图 6.51 所示。

```
<!doctype html>
<html>
<head>
<meta charset="utf-8">
<title>字体</title>
    <style type="text/css">
        body{
            font-family: "sans-serif";
        }
    </style>
</head>
<body>
</body>
</html>
```

图 6.51　代码片段

从这个实例中,我们将页面字体设置为了"sans-serif"字体系列中的一个,并将其引用到了"body"元素中。又因为继承关系,这种字体设定还将继续应用到"body"元素中包含的所有子元素中,除非出现一个特定的选择器将它覆盖。使用同样的操作方法,我们可以将属性后面的值设置为某个特定的字体,比如"宋体",如图 6.25 所示代码。

```
p{
    font-family:"宋体";
}
```

图 6.52　代码片段

图 6.52 所示字体就将页面中段落文本的字体设置为"宋体"这种字体。这种设置后会牵扯到另外一个问题,就是当浏览器端没有这个字体的时候就会出现异常。为了避免这个问题的出现,浏览器会自行将自身默认字体代替设置的字体。这样带来的后果就是网页的效果会大打折扣。而解决这个问题的一种方法就是在设置字体的时候,同时指定通用字体系列和特定字体名,如图 6.53 所示代码。

```
p{
    font-family:"宋体","serif";
}
```

图 6.53　代码片段

通过图 6.53 所示设置,浏览器会首先使用"宋体"字体进行匹配,如果计算机系统中没有该字体,将使用通用系列字体"serif"中的一种字体进行显示。

2)字体大小

CSS 样式表使用"font-size"属性来定义文本的大小。"font-size"属性的值可以是绝对值,也可以是相对值。当没有特别规定字体大小的时候,浏览器将会默认普通文本的大小为 16 像素,即 16px(像素)= 1em。

"font-size"属性值为绝对值和相对值的区别是:

①绝对值:文本的大小被指定;不允许浏览时改变文本大小;特别适合在确定了输出的物理尺寸时。

②相对值:大小是相对于周围元素来说的;用户能在浏览器中操控文本大小。

这里需要说明一下,我们在编辑页面文本的时候,要正确使用 HTML 标签,特别是在编写页面文档和标题的时候,不要使所有文本元素都用段落标签然后调整文本大小来实现。这样做的后果是标题不像标题,而更像是文本被放大了的段落。下面用<p>、<h1>、<h2>标签分别设置"font-size"属性来做对比,如图 6.54 所示。

```
p{
    font-size: 22px;
}
h1{
    font-size: 1.5em;
}
h2{
    font-size: 120%;
}
```

图 6.54　代码片段

从这个实例可以看出,在给"font-size"属性赋值的时候可以采用至少三种方式,分别是:固定值、em 相对值和百分比相对值。这里给读者们一个建议:在制作网页的时候,推荐使用 em 相对值的方式来设置文本大小。原因是目前常用的浏览器有 Firefox、Chrome、IE、Safari 等,运行的平台有电脑、移动智能设备两大主流,不同的浏览器、不同的平台对字体的默认都有不同,为了让访问者获得更棒的浏览体验,我们就必须尽可能地去适配这些浏览器和平台。要采用 em 相对值方式,大家就必须要熟悉 em 和固定值像素之间的转换。举个简单的例子。系统默认字体大小为 16 像素(px),我们想要让一个文字的大小设定为 160 像素,可以直接设置这个文字为 160 像素,但是这样网页在不同平台不同浏览器中打开效果就不容易统一,而如果知道某个平台某个浏览器的默认文本的大小是 16 像素,要达到 160 像素文字的效果,就可以使用 em 相对值方式,将其"font-size"属性值设置为"10em"。

3)字体风格

字体风格采用"font-style"属性进行定义。该属性常用的三个值分别是:normal、italic 和 oblique。如图 6.55 所示代码,效果如图 6.56 所示。

```
.normal{font-style: normal;}
.italic{font-style: italic;}
.oblique{font-style: oblique;}
```

图 6.55　代码片段

这是正常文本

这是斜体文本

这是倾斜文本

图 6.56　效果图

从此实例,我们可以看出值为"normal"时的效果最为明显,而值为"italic"和"oblique"时效果并不明显。从字面理解是,"italic"斜体是一种简单的字体风格,对每个字母的结构有一些小改动来反映变化的外观。"oblique"倾斜是正常竖直文本的倾斜版本。但是这两种定义值在网络浏览器上是没有做明显区分的,所以最终效果无区别。从作者个人喜好来说,更多时候用的是值"italic"。

4)字体变形

我们可以使用"font-variant"属性来将文本设定小型大写字母。如图 6.57 所示代码,效果如图 6.58 所示。

```
<!doctype html>
<html>
<head>
    <meta charset="utf-8">
    <title>字体变形</title>
    <style type="text/css">
        p{font-size: 22px;}
        .variant{font-variant: small-caps;}
        .upper{text-transform: uppercase;}
    </style>
</head>

<body>

    <p>we are like apple</p>
    <p class="upper">we are like apple</p>
    <p class="variant">we are like apple</p>
</body>
</html>
```

图 6.57　代码片段

we are like apple

WE ARE LIKE APPLE

WE ARE LIKE APPLE

图 6.58　效果图

从这个实例可以看出,"font-variant"属性当值为"small-caps"时,是将文本全部大写后再缩小文字大小的效果。

5）字体粗细

CSS 样式表中使用"font-weight"属性来定义字体粗细,当属性值为"bold"时,文本为粗体,并且我们也可以使用 100~900 这样的整百数值来将文本进行 9 个程度的粗细度设置。值为"100"时,表示文本为最细字体变形;值为"400"时,文本为正常默认值,等价值"normal";值为"700"时,效果与设置值为"blod"相同。除了这些,我们还可以使用值"bolder""lighter"来表示比值"bold"更粗的效果和比值"light"更细的效果。如图 6.59 所示代码,效果如图 6.60 所示。

```html
<!doctype html>
<html>
<head>
    <meta charset="utf-8">
    <title>字体粗细</title>
    <style type="text/css">
        p{font-size: 22px;}
        .wbold{font-weight: bold;}
        .wbolder{font-weight: bolder;}
        .w400{font-weight: 400;}
        .w600{font-weight: 600;}
        .wlighter{font-weight: lighter;}
        .w200{font-weight:200;}
    </style>
</head>

<body>
    <p class="wbold">we are like apple</p>
    <p class="wbolder">we are like apple</p>
    <p class="w400">we are like apple</p>
    <p class="w600">we are like apple</p>
    <p class="normal">we are like apple</p>
    <p class="wlighter">we are like apple</p>
    <p class="w200">we are like apple</p>
</body>
</html>
```

图 6.59　代码片段

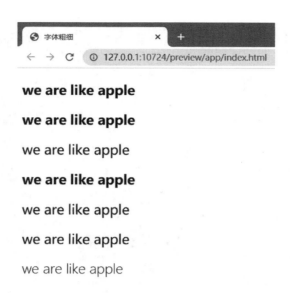

图 6.60　效果图

从这个实例可以看出,值为数字 100~900 时,差别越大,显示出来的对比效果越明显,而值"blod"和"bolder"之间的区别并不明显。

6.2.4　链接

1)链接状态

链接的状态其实并不属于 CSS 样式表的范畴,但是我们经常都会用 CSS 样式表去定义链接某些状态的样式。

这里我们先回顾一下链接的四种状态,分别是:

- a:link 普通和未被访问链接状态
- a:visited 已被用户访问的状态
- a:hover 指针指向链接的状态
- a:active 链接被点击时的状态

需要特别注意的是,在定义链接状态样式的时候要按照"a:link""a:visited""a:hover""a:active"这样的顺序进行,中间的状态可以省略但顺序不能变。特别是"a:hover"必须在"a:link"和"a:visited"之后,"a:active"必须在"a:hover"之后,"a:link"和"a:visited"顺序可以调换。

2)链接样式

一般情况下,链接默认样式中会在链接文字下面加上下划线,这样对页面的整体感影响很大,所以第一步就是去除它。我们对链接样式的设置主要从以下几个方面着手:文本装饰;颜色,包括文本和背景色。如图 6.61 所示代码,效果如图 6.62 所示。

```
<!doctype html>
<html>
<head>
<meta charset="utf-8">
<title>链接</title>
    <style type="text/css">
        p{font-size: 2em;}
        a{font-size: 2em;}
        .decortion{text-decoration: none;}
        .color{color:yellow;}
        .zh{text-decoration:line-through;color: red;background-color: green;}
    </style>
</head>
<body>
    <p>我是段落</p>
    <a class="">我是链接</a><br/>
    <a class="" href="">我是链接</a><br/>
    <a class="decortion" href="">我是链接</a><br/>
    <a class="color" href="">我是链接</a><br/>
    <a class="zh" href="">我是链接</a>
</body>
</html>
```

图 6.61　代码片段

图 6.62　效果图

从这个实例可以看出，我们对链接所做的操作主要就是集中在对文本的设置上。

6.2.5　列表

列表无处不在，不是描述性文本的任意内容都可以理解为列表。列表是多样的，也是非常重要的，但是 CSS 样式表中列表的样式并不丰富。列表主要分为两种：一种叫作无序列表；另一种叫作有序列表。

1）列表标志类型

这里无论是有序列表还是无序列表，它们都有一个标志性的内容，就是列表标志。有序列表的标志就是序号,而无序列表的标志是项目符号。如果我们想让无序列表和有序列表从外观上看起来一样,就可以使用"list-style"属性,并将其值设置为"none"。如图6.63所示代码,效果如图 6.64 所示。

```html
<!doctype html>
<html>
<head>
<meta charset="utf-8">
<title>列表</title>
    <style type="text/css">

        ol{list-style: none;}
        ul{list-style: none;}

    </style>
</head>
<body>
    <ol>
        <li>有序表项目1</li>
        <li>有序表项目2</li>
        <li>有序表项目3</li>
    </ol>
    <ul>
        <li>无序表项目1</li>
        <li>无序表项目2</li>
        <li>无序表项目3</li>
    </ul>
</body>
</html>
```

图 6.63 代码片段

图 6.64 效果图

除了让列表标志隐藏,对于无序列表的项目标记符号,我们还可以通过"list-style-type"属性进行定义。"list-style-type"属性也可以作用于有序列表。"list-style-type"属性可能的值见表 6.3。

表 6.3 "list-style-type"属性可选值列表

值	描述
none	无标记。
disc	默认。标记是实心圆。
circle	标记是空心圆。
square	标记是实心方块。
decimal	标记是数字。
decimal-leading-zero	0 开头的数字标记。(01,02,03,等。)
lower-roman	小写罗马数字(ⅰ,ⅱ,ⅲ,ⅳ,ⅴ,等。)
upper-roman	大写罗马数字(Ⅰ,Ⅱ,Ⅲ,Ⅳ,Ⅴ,等。)
lower-greek	小写希腊字母(alpha,beta,gamma,等。)
lower-latin	小写拉丁字母(a,b,c,d,e,等。)
upper-latin	大写拉丁字母(A,B,C,D,E,等。)
armenian	传统的亚美尼亚编号方式
georgian	传统的乔治亚编号方式(an,ban,gan,等。)
Inherit	从父元素继承的值

注:list-style-type 属性被所有浏览器支持。但是任何版本的 Internet Explorer 都不支持属性值 decimal-leading-zero,lower-greek,lower-latin,upper-latin,armenian,georgian 或 inherit。

2)列表项图像

对于无序列表,系统现有设定的备选列表标志是不够的,可以设置"list-style-image"属性值来实现更换列表标志的目的。首先,可以准备好替换用的列表标志,然后按照图 6.65 所示代码更改"list-style-image"属性值。

浏览器处理结果如图 6.66 所示。

3)列表标志位置

"list-style-position"属性可以帮助开发者将列表中标志的位置进行更改。该属性常用值有三个,分别是"inside""outside""inherit"。如图 6.67 所示代码,效果如图 6.68 所示。

从这个实例可以看出,当我们将标志位置改为"inside"后,整个列表都往后移动了一段距离。

```
<!doctype html>
<html>
<head>
<meta charset="utf-8">
<title>列表</title>
    <style type="text/css">

    .   ol{list-style: none;}
        ol.orderList1{list-style: none;}
        ul{list-style: none;}
        ul.disorderList1{list-style: none;}
        ul.disorderList2{list-style-image:url("image/bg_03.gif")}
    </style>
</head>
<body>
    <ol class="orderList1">
        <li>有序表项目1</li>
        <li>有序表项目2</li>
        <li>有序表项目3</li>
    </ol>
    <ul class="disorderList1">
        <li>无序表项目1</li>
        <li>无序表项目2</li>
        <li>无序表项目3</li>
    </ul>
    <ul class="disorderList2">
        <li>无序表项目1</li>
        <li>无序表项目2</li>
        <li>无序表项目3</li>
    </ul>
</body>
</html>
```

图 6.65 代码片段

图 6.66 效果图

4）简写样式

"list-style"其实是一类属性的集合，其中有"list-style-image""list-style-position""list-style-type"。开发者可以通过"list-style"属性将前面的三个列表样式合并为一处赋值，并且不用考虑值的先后顺序。如图 6.69 所示代码，效果如图 6.70 所示。

```
<!doctype html>
<html>
<head>
<meta charset="utf-8">
<title>列表</title>
    <style type="text/css">

        ol{list-style: none;}
        ol.orderList1{list-style: none;}
        ul{list-style: none;}
        ul.disorderList1{list-style: none;}
        ul.disorderList2{list-style-image:url("image/bg_03.gif");}
        ul.disorderList3{list-style-image: url("image/bg_02.gif");list-style-position:inside;}
    </style>
</head>
<body>
    <ol class="orderList1">
        <li>有序表项目1</li>
        <li>有序表项目2</li>
        <li>有序表项目3</li>
    </ol>
    <ul class="disorderList1">
        <li>无序表项目1</li>
        <li>无序表项目2</li>
        <li>无序表项目3</li>
    </ul>
    <ul class="disorderList2">
        <li>无序表项目1</li>
        <li>无序表项目2</li>
        <li>无序表项目3</li>
    </ul>
    <ul class="disorderList3">
        <li>无序表项目1</li>
        <li>无序表项目2</li>
        <li>无序表项目3</li>
    </ul>
</body>
</html>
```

图 6.67　代码片段

图 6.68　效果图

```
ul.disorderList4{list-style: square inside url("image/bg_01.gif")}
```

图 6.69　代码片段

图 6.70　效果图

6.2.6　表格

在页面添加表格，并设置表格边框，代码如图 6.71 所示。

```
<!doctype html>
<html>
<head>
<meta charset="utf-8">
<title>表格</title>
    <style type="text/css">
        table,tr,td{border: 1px solid black;}
    </style>
</head>
<body>
    <table>
        <tr>
            <td></td>
            <td></td>
            <td></td>
        </tr>
        <tr>
            <td></td>
            <td></td>
            <td></td>
        </tr>
    </table>
</body>
</html>
```

图 6.71　代码片段

其实,普通的表格如果不做任何其他外观设置,表格分成内外边框。表格的这种双线条边框,是由于 table、tr、td 都有自己的独立边框所致。

1)边框折叠

为了让页面中表格外观能与人们日常所用的表格外观一致,就需要将原本表格内外框线合二为一。表格内外框线合并也可以称作边框折叠。开发者可以使用"border-collapse"属性来设置边框折叠。如图 6.72 所示代码,效果如图 6.73 所示。

```
<!doctype html>
<html>
<head>
<meta charset="utf-8">
<title>表格</title>
    <style type="text/css">
        table{border-collapse: collapse;}
        table,tr,td{border: 1px solid black;}
    </style>
</head>
<body>
    <table>
        <tr>
            <td> </td>
            <td> </td>
            <td> </td>
        </tr>
        <tr>
            <td> </td>
            <td> </td>
            <td> </td>
        </tr>
    </table>
</body>
</html>
```

图 6.72　代码片段

图 6.73　效果图

此实例中,"border-collapse"属性将值设置为"collapse",可以将表格边框变成单一框线。

2)宽度和高度

开发者可以使用宽度"width"属性和高度"height"属性对表格进行设置。但是,这里需要注意的是,表格宽度、高度和单元格的宽度、高度一般情况下是需要单独设置的。如

图 6.74 所示代码,效果如图 6.75 所示。

```
<!doctype html>
<html>
<head>
<meta charset="utf-8">
<title>表格</title>
    <style type="text/css">
        table{border-collapse: collapse;width: 400px;height: 400px}
        table,tr,td{border: 1px solid black;}
        td{width: 33%}
    </style>
</head>
<body>
    <table>
        <tr>
            <td> </td>
            <td> </td>
            <td> </td>
        </tr>
        <tr>
            <td> </td>
            <td> </td>
            <td> </td>
        </tr>
    </table>
</body>
</html>
```

图 6.74　代码片段

图 6.75　效果图

我们也可以通过对"tr"设置表格所有行的高度。

3)文本对齐

表格中单元格内容对齐方式,可以使用"text-align"属性和"vertical-align"属性来进行设置,它们分别对应的是水平方向和垂直方向。默认情况下,单元格内容按水平靠左、垂直居中的方式对齐。

4）内边距

所有 HTML 元素可以看作盒子，在 CSS 中，"box model"这一术语是用来设计和布局时使用。CSS 盒模型本质上是一个盒子，封装周围的 HTML 元素，包括边距、边框、填充和实际内容。

在表格中，如果需要控制单元格内的内容和边框之间的距离，就需要用到"盒子模型"中的内边距，也就是"padding"属性，代码如图 6.76 所示。

```html
<!doctype html>
<html>
<head>
<meta charset="utf-8">
<title>表格</title>
        <style type="text/css">
            table{border-collapse: collapse;width: 600px;height: 400px}
            table,tr,td{border: 1px solid black;}
            td{width: 33%}
        </style>
</head>
<body>
        <table>
            <tr>
                <td>单元格内容，左对齐</td>
                <td style="text-align: right">单元格内容，右对齐</td>
                <td style="vertical-align: top;">单元格内容，左对齐，上对齐</td>
            </tr>
            <tr>
                <td>单元格内容</td>
                <td>单元格内容</td>
                <td>单元格内容</td>
            </tr>
        </table>
</body>
</html>
```

图 6.76　代码片段

图 6.76 所示代码未对第一行内文本内容做相关设置，其效果如图 6.77 所示。

图 6.77　效果图

如果对第一行右一这个单元格设置内边距为 20 像素,代码如图 6.78 所示。

```
<!doctype html>
<html>
<head>
<meta charset="utf-8">
<title>表格</title>
    <style type="text/css">
        table{border-collapse: collapse;width: 600px;height: 400px}
        table,tr,td{border: 1px solid black;}
        td{width: 33%}
    </style>
</head>
<body>
    <table>
        <tr>
            <td>单元格内容，左对齐</td>
            <td style="text-align: right">单元格内容，右对齐</td>
            <td style="vertical-align: top;padding: 20px">单元格内容，左对齐，上对齐</td>
        </tr>
        <tr>
            <td>单元格内容</td>
            <td>单元格内容</td>
            <td>单元格内容</td>
        </tr>
    </table>
</body>
</html>
```

图 6.78　代码片段

修改内边距后的最终效果如图 6.79 所示。

图 6.79　效果图

5）颜色

除了对边框、内边距进行设置外,还可以对表格内行、单元格的颜色进行设置。代码如图 6.80 所示。

```
<!doctype html>
<html>
<head>
<meta charset="utf-8">
<title>表格</title>
    <style type="text/css">
        table{border-collapse: collapse;width: 600px;height: 400px}
        table,tr,td{border: 1px solid black;}
        td{width: 33%}
    </style>
</head>
<body>
    <table>
        <tr>
            <td>单元格内容，左对齐</td>
            <td style="text-align: right">单元格内容，右对齐</td>
            <td style="vertical-align: top;padding: 20px">单元格内容，左对齐，上对齐</td>
        </tr>
        <tr>
            <td style="color: red;background-color: green;">单元格内容</td>
            <td>单元格内容</td>
            <td>单元格内容</td>
        </tr>
    </table>
</body>
</html>
```

图 6.80　代码片段

从此实例可以看到，对表格内第二行左一单元格背景颜色和内容颜色设置后，可以得到如图 6.81 所示的效果。

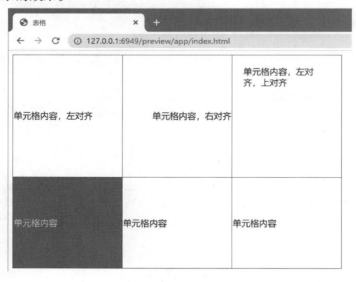

图 6.81　效果图

样式表中 Table 的属性列表见表 6.4。

表 6.4　Table 属性列表

属性	描述
border-collapse	设置是否把表格边框合并为单一的边框
border-spacing	设置分隔单元格边框的距离
caption-side	设置表格标题的位置
empty-cells	设置是否显示表格中的空单元格
table-layout	设置显示单元、行和列的算法

6.2.7　轮廓

轮廓（outline）是绘制于元素周围的一条线，位于边框边缘的外围，可起到突出元素的作用。CSS 样式表中"outline"属性规定元素轮廓的样式、颜色和宽度。

1）边框与轮廓

这里，可能会有人跟之前表格中提到的边框"border"属性相关联。如图 6.82 所示代码，效果如图 6.83 所示。

图 6.82　代码片段

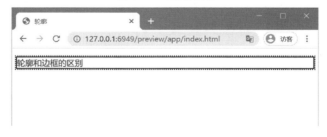

图 6.83　效果图

2）颜色

可以通过"outline-color"属性对轮廓进行颜色设置。代码如图 6.84 所示。

```
p{outline: dotted;border: solid;outline-color: red;}
```

图 6.84　代码片段

此段代码将段落的轮廓设置为等距点,边框设为单实线,轮廓颜色设为红色,显示效果如图 6.85 所示。

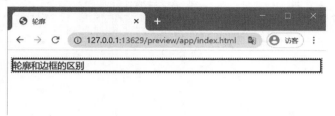

图 6.85　效果图

3）样式

除了可以通过"outline"属性外,还可以使用"outline-style"属性定义轮廓的线型。常用的轮廓线型有"dotted""dashed""solid""double""groove""ridge""inset""outset",它们分别是等距点状线、虚线、单实线、双实线、3D 凹槽、3D 垄状、3Dinset 和 3Doutset边框。

4）宽度

我们可以使用"outline-width"属性设置轮廓的宽度。目前所有的浏览器都支持该属性,但只有在轮廓样式不为"none"时才会起作用。若轮廓样式为"none",即使"outline-width"属性值不为"0",宽度也会被重置,并且其值也不能为负。

这里需要提醒一下的是,如果在网页申明中规定了"! doctype",IE8 才能支持"outline"属性。

6.3　边框与边距

6.3.1　框模型

CSS 样式表的框模型(Box Model)又称为"盒子模型"。它规定了元素框处理元素内容、内边框、边框和外边框的方式。

图 6.86 中,元素框最内部分是实际的内容,直接包围内容的是内边距。内边距呈现了元素的背景。内边距的边缘是边框。边框以外是外边距,外边距默认是透明的,因此不会遮挡其后的任何元素。这里要说明的是背景基本不受影响。背景应用于由内容和内边距、边框组成的区域。

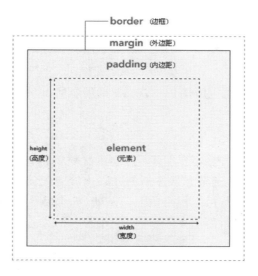

图 6.86　盒子模型示意图

　　内边距、边框和外边距都是可选的，默认值是零。但是，许多元素将由用户代理样式表设置外边距和内边距。可以通过将元素的 margin 和 padding 设置为零来覆盖这些浏览器样式。这可以分别进行，也可以使用通用选择器对所有元素进行设置。一般情况下，我们可以在 CSS 样式表中对"body"进行设置，如图 6.87 所示。

```
body{padding: 0;margin: 0;}
```

图 6.87　代码片段

　　在 CSS 中，width 和 height 指的是内容区域的宽度和高度。增加内边距、边框和外边距不会影响内容区域的尺寸，但是会增加元素框的总尺寸。

　　下面以一个实例来进一步说明。假设框的每个边上有 10 个像素的外边距和 5 个像素的内边距。如果希望这个元素框达到 100 个像素，就需要将内容的宽度设置为 70 像素，如图 6.88 所示。

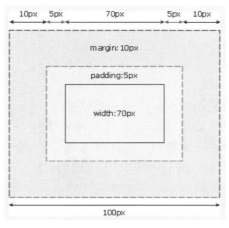

图 6.88　效果图

CSS 样式表可以写作如图 6.89 所示。

```
#box{width: 70px;margin: 10px;padding: 5px;}
```

图 6.89　代码片段

内边距、边框和外边距可以应用于一个元素的所有边,也可以应用于单独的边。

6.3.2　内边距

元素的内边距在边框和内容区之间。控制该区域最简单的属性是"padding"属性。CSS 样式表的"padding"属性定义元素边框与元素内容之间的空白区域。"padding"属性接受长度值或百分比值,但不允许使用负值。例如,如果希望所有"h1"元素的各边都有 10 像素的内边距,只需要进行如图 6.90 所示的设置。

```
h1{padding: 10px;}
```

图 6.90　代码片段

也可以按照上、右、下、左的顺序分别设置各个边的内边距,各边的内边距可以使用不同的单位或者百分比值,代码如图 6.91 所示。

```
h2{padding: 5px 0.2em 3ex 10%;}
```

图 6.91　代码片段

同时,也可以使用"padding-top""padding-right""padding-bottom""padding-left"四个单独属性分别设置上、右、下、左内边距。上面的例子我们也可以换成图 6.92 中的表述方式:

```
h2{padding-top: 5px;padding-right: 0.2em;padding-bottom: 3ex;padding-left: 10%;}
```

图 6.92　代码片段

前面提到过,可以为元素的内边距设置百分数值。百分数值是相对于其父元素的 width 计算的,这一点与外边距一样。所以,如果父元素的 width 改变,它们也会改变。上下内边距与左右内边距一致;即上下内边距的百分数会相对于父元素宽度设置,而不是相对于高度。

6.3.3　边框

元素的边框(border)是围绕元素内容和内边距的一条或多条线。CSS 样式表的"border"属性允许开发者定义元素边框的样式、宽度和颜色。

在 HTML 中,开发者使用表格来创建文本周围的边框,通过使用 CSS 样式表边框属性,可以创建出效果出色的边框,并且可以应用于任何元素。元素外边距内就是元素的边框(border)。元素边框就是围绕元素内容和内边距的一条或多条线。每个边框有 3 个方面:宽度、样式以及颜色。下面来详细了解这三个方面。

1）样式

边框的样式可以使用 CSS 样式表的"border-style"属性。边框的样式是网页中非常重要的一个方面。如果没有样式则根本没有边框，也就是说，样式控制着边框的显示。CSS样式表中的"border-style"属性定义了 10 个不同的非继承"inherit"样式，其中包括"none"。如果要在页面实现按钮效果，可使用如图 6.93 所示的代码。

```
img{width: 100px;height: 30px; border-style: outset;}
```

图 6.93　代码片段

下面实例中，我们在页面放入了一个图片元素，并将其边框线样式"border-style"属性值设置为"outset"，得到的效果如图 6.94 所示。

图 6.94　效果图

"border-style"属性可能的值，也是 CSS 样式表中所有跟线有关的样式，见表 6.50。

表 6.5　"border-style"属性值列表

值	描述
none	定义无边框。
hidden	与 none 相同。对于表，hidden 用于解决边框冲突。
dotted	定义点状边框。在大多数浏览器中呈现为实线。
dashed	定义虚线。在大多数浏览器中呈现为实线。
solid	定义实线。
double	定义双线。双线的宽度等于 border-width 的值。
groove	定义 3D 凹槽边框。其效果取决于 border-color 的值。
ridge	定义 3D 垄状边框。其效果取决于 border-color 的值。
inset	定义 3D inset 边框。其效果取决于 border-color 的值。
outset	定义 3D outset 边框。其效果取决于 border-color 的值。
inherit	规定应该从父元素继承边框样式。

在对元素进行边框设置的时候，我们也可以单独对每个边进行。如果我们要对元素四边进行分别设置，可使用"border-top-style""border-right-style""border-bottom-style" "border-left-style",分别对应上边框、右边框、底部边框、左边框。除了前面分别使用对应属性设置的方式,也可以用等价的"border-style"进行设置。这里以一个实例进行对比展示,代码如图6.95所示。

```
.bImg1{border-width: 8px; border-top-style: solid;border-right-style:
    dotted;border-bottom-style: double;border-left-style: outset;}
.bImg2{border-width: 8px;border-style: solid dotted double outset;}
```

图 6.95　代码片段

三个形状边框对比效果如图 6.96 所示。

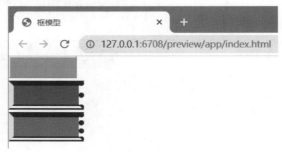

图 6.96　效果图

在此需要说明的是:如果要使用第二种方法,必须把单边属性放在简写属性之后。因为如果把单边属性放在"border-style"属性之前,简写属性的值就会覆盖单边值"none"。

2)宽度

可以通过"border-width"属性来设定边框宽度。为边框指定宽度的方法有两种,一种是指定长度值,如 2px、1em;另一种是使用关键词,分别有"thin""medium""thick",其中"medium"是默认值。

设定边框宽度也可以采用和定义边框样式的方式来实现,代码如图 6.97 所示。

```
.bImg1{border-width: 2px 4px 6px 8px; border-top-style: solid;border-right-style:
    dotted;border-bottom-style: double;border-left-style: outset;}
.bImg2{border-top-width: 2px;border-right-width: 4px;border-bottom-width: 6px;
    border-left-width: 8px;border-style: solid dotted double outset;}
```

图 6.97　代码片段

最终显示效果,如图 6.98 所示。

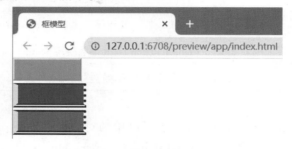

图 6.98　效果图

这里需要注意的是,如果想要有边框出现就必须设置边框样式。当边框样式为"none"值时,即使设置了"border-width"属性值,边框也是看不到的。因为当边框"border-style"属性值为"none"时,边框根本就不存在,就更谈不上存在宽度了,所以声明某个元素边框的时候,首先是定义边框的样式,然后再定义边框的其他属性。

3）颜色

CSS样式表中使用"border-color"属性对边框定义颜色,并且一次最多可以定义4个颜色值。"border-color"属性值可以使用任何类型的颜色值,包括命名颜色值、十六进制值、RGB值和百分比值,代码如图6.99所示。

```
.bImg1{border-width: 2px 4px 6px 8px; border-top-style: solid;border-right-style:
  dotted;border-bottom-style: double;border-left-style: outset;border-color: blue;}
.bImg2{border-top-width: 2px;border-right-width: 4px;border-bottom-width: 6px;
  border-left-width: 8px;border-style: solid dotted double outset;
  border-color: red blue green pink;}
```

图 6.99　代码片段

对某个元素设置边框颜色,我们可以用单独一个颜色值,也可以同时使用四个值分别为上、右、下、左依次赋予,即"border-top-color""border-right-color""border-bottom-color""border-left-color"。

前面提到过如果边框没有样式,就没有宽度。不过有些时候,我们既想有边框但是又不想看到它。这个时候CSS样式表引入了边框颜色值为"transparent"。这个值就是专用于创建有宽度又不可见的边框,代码如图6.100及图6.101所示。

```
<a href="#">无样式链接</a>
<a href="#" class="hiden">透明边框链接</a>
```

图 6.100　代码片段

```
.hiden{border-style: solid;border-color: red;}
.hiden:hover{border-color: transparent;}
```

图 6.101　代码片段

从某种意义上说,利用"transparent",使用边框就像额外的内边距一样;此外还有一个好处,就是能在你需要的时候使其可见。这种透明边框相当于内边距,因为元素的背景会延伸到边框区域(如果有可见背景的话)。

需要特别注意的是,在IE7之前,IE/WIN没有提供对"transparent"值的支持。在以前的版本,IE会根据元素的"color"值来设置边框颜色。

4）外边距

围绕在元素边框的空白区域是外边距。设置外边距,会在元素外创建额外的"空白"。设置外边距的最简单的方法就是使用"margin"属性,这个属性接受任何长度单位、百分数值甚至负值。

5）外边距

设置外边距的最简单的方法就是使用"margin"属性。"margin"属性接受任何长度单位,可以是像素、英寸、毫米或 em。"margin"属性可以设置为"auto"值。更常见的做法是为外边距设置长度值,代码如图 6.102 所示。

```
<!doctype html>
<html>
<head>
<meta charset="utf-8">
<title>外边距</title>
    <style type="text/css">

        h1{border-style: solid;}
        .margin1{margin: 0.5em;}
        .margin2{margin: 10px 8px 6px 4px;}
        .margin3{margin: 10%;}

    </style>
</head>
<body>
    <h1>外边距默认</h1>
    <h1 class="margin1">外边距调整</h1>
    <h1 class="margin2">外边距调整</h1>
    <h1 class="margin3">外边距调整</h1>
</body>
</html>
```

图 6.102　代码片段

浏览器显示出来的效果如图 6.103 所示。

图 6.103　效果图

此实例中,页面中共有四个"h1"元素,第一个为默认值,其余三个为外边距调整。第二个"h1"元素各个边上设置了 0.5 个标准字号的距离;第三个"h1"元素四个边分别设置了不同外边距值;第四个"h1"元素外边框设置了一个百分数值,而这个百分数也是一个相对值,它是相对于父元素"width"属性值来计算的。第四个"h1"元素的外边框宽度为父元素宽度的 10%。这里的父元素为页面的"body"元素。

有时,可用对第三个"h1"元素定义外边距的方式进行赋值,也不是必须给所有四个边都逐一设置,如图 6.104 所示。

```
p{margin: 5px 10px 5px 10px;}
```

图 6.104 代码片段

定义段落外边距的时候出现上面这种情况,还可以使用等价的简写方式,如图6.105所示。

```
p{margin: 5px 10px;}
```

图 6.105 代码片段

如图 6.105 所示,这两个值可以取代前面四个值。这是如何做到的呢? CSS 样式表定义了一些规则,允许为外边距指定少于 4 个值。规则如下:如果缺少左外边距的值,则使用右外边距的值;如果缺少下外边距的值,则使用上外边距的值;如果缺少右外边距的值,则使用上外边距的值,如图 6.106 所示。

图 6.106 值对应位置示意图

换个说法,如果为外边距指定了三个值,则第四个值(即左外边距)会从第二个值(右外边距)复制得到。如果给定了两个值,第四个值会从第二个值复制得到,第三个值(下外边距)会从第一个值(上外边距)复制得到。最后一个情况,如果只给定一个值,那么其他三个外边距都由这个值(上外边距)复制得到。

有了这个机制,我们只需指定必要的值即可。还有一种情况,就是我们只想指定单独某边的外边距,代码如图 6.107 所示。

```
p{margin: auto auto auto 10px;}
```

图 6.107 代码片段

在对元素某边设置外边距的时候,除可采用上面实例的方式外,我们还可以使用"margin-top""margin-right""margin-bottom""margin-left"四个单独外边距属性进行定义。

这里需要注意的是,Netscape 和 IE 对"body"标签定义的默认边距(margin)值是 8px,而 Opera 不是这样。Opera 将内部填充(padding)的默认值定义为 8px,因此如果希望对整个网站的边缘部分进行调整,并将之正确显示于 Opera 中,那么必须对"body"标签的"padding"属性进行自定义。

6) 外边距合并

简单地说,外边距合并指的是,当两个垂直外边距相遇时,它们将形成一个外边距。合并后的外边距的高度等于两个发生合并的外边距的高度中的较大者。当一个元素出现在另一个元素上面时,第一个元素的下外边距与第二个元素的上外边距会发生合并,如图 6.108 所示。

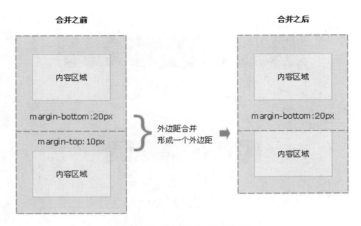

图 6.108　合并效果示意图

当一个元素包含在另一个元素中时(假设没有内边距或边框把外边距分隔开),它们的上外边距和(或)下外边距也会发生合并,如图 6.109 所示。

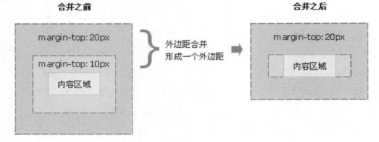

图 6.109　合并效果示意图

假设有一个空元素,它有外边距,但是没有边框或填充。在这种情况下,上外边距与下外边距就碰到了一起,它们会发生合并,如图 6.110 所示。

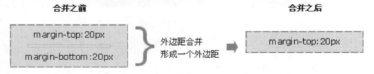

图 6.110　合并效果示意图

如果这个外边距遇到另一个元素的外边距,它也会发生合并,如图 6.111 所示。

图 6.111　合并效果示意图

从上面实例可以看出,当出现一系列段落元素占用空间的情况,就会使它们的所有外边距都合并在一起形成一个个小的外边距,如图 6.112 所示。

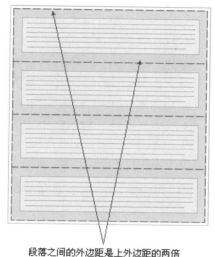
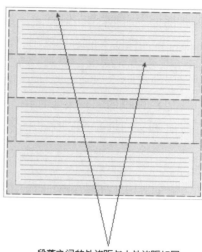

图 6.112 合并效果示意图

外边距合并初看上去可能有点奇怪,但是实际上是有意义的。以由几个段落组成的典型文本页面为例,第一个段落上面的空间等于段落的上外边距。如果没有外边距合并,后续所有段落之间的外边距都将是相邻上外边距和下外边距的和。这意味着段落之间的空间是页面顶部的两倍。如果发生外边距合并,段落之间的上外边距和下外边距就合并在一起,这样各处的距离就一致了。只有普通文档流中块框的垂直外边距才会发生外边距合并。行内框、浮动框或绝对定位之间的外边距不会合并。

6.4　定位与浮动

6.4.1　概述

CSS 样式表定位属性(position)允许开发者对元素进行定位。

在 CSS 样式表中,页面中的元素可以分为两类:一类是块元素或称为块框;另一类是行元素或称为行内框。块元素(块框)如"div""h1""p"等;行元素(行内框)如"span""strong"等。开发者可以使用"display"属性来改变生成框的类型。例如,开发者可以通过将"display"属性值设置为"block"让行内元素(比如链接"a"元素)表现得像块元素一样;还可以将块元素的"display"属性值设置为"none",让生成的元素根本没有框,其所有内容就不再显示,不占用文档中的空间。

1)定位和浮动

开发者可以利用 CSS 样式表中的"position"定位属性建立列式布局,并将布局的一部分与另一部分重叠。

CSS 样式表中的定位基本思想其实很简单。它允许开发者定义元素框相对于其正常位置应该出现的位置,或者是相对于父元素、另一个元素甚至浏览器窗口本身的位置。

2) 定位机制

CSS 样式表有三种基本的定位机制,分别是普通流、浮动和绝对定位。

默认情况下,所有元素框都是普通流。普通流中元素的位置是由元素在 HTML 中的位置决定的。块级元素是按照一个一个从上到下的排列,框与框之间的垂直距离是由框的垂直外边距计算的。行元素在一行汇总水平布置。可以使用水平内边距、边框和外边距调整它们之间的距离。综上可知,垂直内边距、边框和外边距不影响行元素的高度。

3) 定位属性

CSS 样式表通过"position"属性来实现元素的位置设定。"position"属性总共有四个可选值,分别是"static""relative""absolute""fixed"。

值"static",元素框正常生成。块元素生成一个矩形框,作为文档流的一部分,行元素则会创建一个或多个行框,置于其父元素中。

值"relative",元素框偏移某个距离。元素仍保持其未定位前的形状,它原本所占的空间仍保留。

值"absolute",元素框从文档流完全删除,并相对于其包含块定位。包含块可能是文档中的另一个元素或者是初始包含块。元素原先在正常文档流中所占的空间会关闭,就好像元素原来不存在一样。元素定位后生成一个块级框,而不论原来它在正常流中生成何种类型的框。

值"fixed",元素框的表现类似于将"position"属性值设置为"absolute",不过其包含块是视窗本身。

下面来详细了解页面元素的定位。

6.4.2 相对定位

所谓相对定位,就是指被指定元素出现的位置为它原始正常流的偏移位移。这个偏移位移量由垂直和水平位移两个参数来决定,如图 6.113 所示。

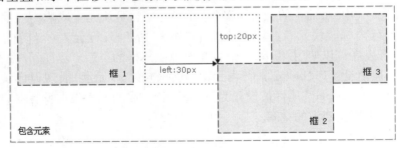

图 6.113 浮动效果

图 6.113 中,框 2 原本的位置应该是框 1 和框 3 之间的虚线位置,但是框 2 的"position"属性值被设置为"relative"。具体 CSS 样式表声明操作如图 6.114 所示。

```
#box2{position: relative;left: 30px;right: 20px}
```

图 6.114　代码片段

从图 6.114 可以看出,当开发者将元素设置为相对定位后,还要配置相对位移值。这里的相对位移值可以是精确值,如像素(px),也可以是相对值"em",或者是百分比值。

总结一下,设置为相对定位的元素框会偏移某个距离。元素仍然保持其未定位前的形状,它原本所占的空间仍保留。

6.4.3　绝对定位

绝对定位使元素的位置与文档流无关,因此不占据空间。这一点与相对定位不同,相对定位实际上被看作普通流定位模型的一部分,因为元素的位置相对于它在普通流中的位置,如图 6.115 所示。

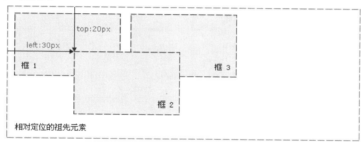

图 6.115　效果示意图

从图 6.115 可以看出,正常情况下,框 1 之后是框 2 最后是框 3,但是当我们给框 2 的"position"属性值设置为"absolute"后,框 2 就好像跳出了原本的文本流。框 1 输出之后就是框 3,而框 2 就好像在另一层去了。并且,这个框 2 偏移量参照的是它的祖先元素。具体 CSS 样式表声明操作如图 6.116 所示。

```
#box2_b{position: absolute;left:30px,top:20px;}
```

图 6.116　代码片段

绝对定位的元素的位置是相对于最近已定位祖先元素的。如果元素没有已定位的祖先元素,那么它的位置则相对于最初的包含块。因为绝对定位的框与文档流无关,所以它们可以覆盖页面上的其他元素。可以通过设置 z-index 属性来控制这些框的堆放次序。

对于定位的主要问题,是要记住每种定位的意义。所以,现在让我们复习一下学过的知识吧:相对定位是"相对于"元素在文档中的初始位置,而绝对定位是"相对于"最近的已定位祖先元素,如果不存在已定位的祖先元素,那么"相对于"最初的包含块。

6.4.4　浮动

CSS 样式表通过"float"属性来实现元素的浮动。"float"属性总共有四种可能值,见表 6.6。

表6.6　"float"属性值列表

值	描述
left	元素向左浮动。
right	元素向右浮动。
none	默认值。元素不浮动,并会显示其在文本中出现的位置。
inherit	规定应该从父元素继承 float 属性的值。

　　"float"属性定义元素在哪个方向浮动。在 CSS 样式表中,任何元素都可以浮动。浮动元素会生成一个块级框,而不论它本身是何种元素。如果浮动非替换元素,则要指定一个明确的宽度;否则,它们会尽可能地窄。所有主流浏览器都支持"float"属性。

　　下面先来说说页面元素浮动。先看图 6.117 所示效果图。

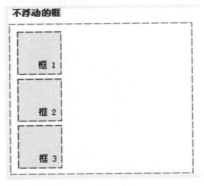

图 6.117　效果图

　　如图 6.117 所示,这是正常文本流中的三个块框。如果将框 1 设置为向右浮动,效果如图 6.118 所示。

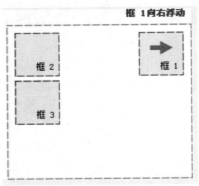

图 6.118　效果图

　　如图 6.118 所示,当设置了框 1 向右浮动后,框 1 便脱离了原本的文本流,右边框与父元素的右边框靠拢了,而框 2 和框 3 便向前代替了原本框 1 和框 2 的位置。

如果将原始文本流中的框 1 设置为向左浮动,其效果如图 6.119 所示。

图 6.119　效果图

如图 6.119 所示,当框 1 设置为向左浮动后,框 1 便脱离了原本的文本流,框 2 和框 3 代替了原本框 1 和框 2 的位置,又因为框 1 向左浮动,所以便将框 2 给遮挡了。

如果将三个框都设置为左浮动,效果如图 6.120 所示。

图 6.120　效果图

如图 6.120 所示,将三个框都设置为左浮动后,好像形成了一个新的文本流。这个文本流中,三个框从原先的竖直排布改为水平排布。如果这个时候父元素的宽度小于三个框宽度之和,便会出现图 6.121 所示的情况。

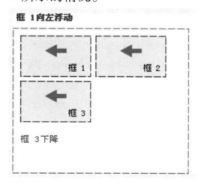

图 6.121　效果图

此时,如果框 1 的高度大于其余两个框的高度,便会得到图 6.122 所示的效果。

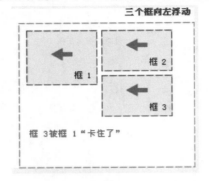

图 6.122　效果图

浮动虽好,但需要慎用。当我们在处理一些图文混排内容的时候,正常情况如图 6.123所示。

图 6.123　效果图

为了让版面看起来更加紧凑,我们常常会选择将图中的图像元素设置为靠左浮动,效果如图 6.124 所示。

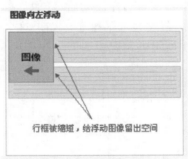

图 6.124　效果图

如果想避免这样的情况出现,我们可以给图中的行元素添加"clear"属性。"clear"属性定义了元素的哪边不允许出现浮动元素。"clear"属性值见表 6.7。

表 6.7 "clear"属性值列表

值	描述
left	在左侧不允许浮动元素。
right	在右侧不允许浮动元素。
both	在左右两侧均不允许浮动元素。
none	默认值。允许浮动元素出现在两侧。
inherit	规定应该从父元素继承"clear"属性的值。

如果想让图 6.124 中第二个行元素不被图像元素遮挡,便可以对第二行元素配置"clear"属性,并添加足够的上外边距,便可实现图 6.125 所示的效果。

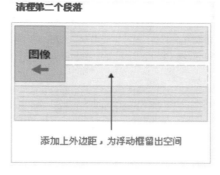

图 6.125 示意图

具体配置如图 6.126 所示。

```
<!doctype html>
<html>
<head>
<meta charset="utf-8">
<title>浮动</title>
    <style type="text/css">
        #fatherDiv{border: 1px dotted;background-color: gray;}
        img{float: left;}
        #p1{float: right;}
    </style>
</head>
<body>
    <div id="fatherDiv">
        <img src="../image/bg_03.gif" width="60px" height="120px" />
        <p id="p1">浮动的框可以向左或向右移动,直到它的外边缘碰到包含框或另一个浮动框的边框为止。
            由于浮动框不在文档的普通流中,所以文档的普通流中的块框表现得就像浮动框不存在一样。</p>
        <p id="p2">浮动的框可以向左或向右移动,直到它的外边缘碰到包含框或另一个浮动框的边框为止。
            由于浮动框不在文档的普通流中,所以文档的普通流中的块框表现得就像浮动框不存在一样。</p>
    </div>
</body>
</html>
```

图 6.126 代码片段

显示结果如图 6.127 所示。

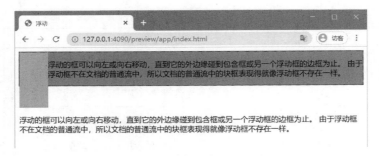

图 6.127　效果图

　　从上面的实例结果我们可以看到,图像和第一个段落分别向左向右浮动,但是这个浮动使得两个元素脱离了文本流,所以就使得父元素块本该包含图片和段落,即图片和段落不占据块的空间,如图 6.128 所示。

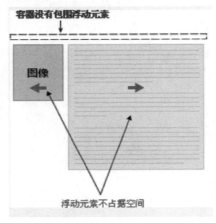

图 6.128　示意图

　　遇到这种情况,我们可以在这两个元素之外添加一个元素,以实现清理的功能,如图 6.129 所示。

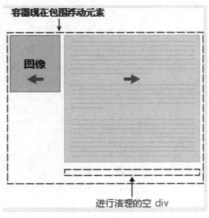

图 6.129　示意图

代码如图 6.130 所示。

```
<!doctype html>
<html>
<head>
<meta charset="utf-8">
<title>浮动</title>
    <style type="text/css">
        #fatherDiv{border: 1px dotted;background-color: gray;}
        img{float: left;}
        #p1{float: right;}
        .clearDiv{clear: both;}
    </style>
</head>
<body>
    <div id="fatherDiv">
        <img src="../image/bg_03.gif" width="60px" height="120px" />
        <p id="p1">浮动的框可以向左或向右移动,直到它的外边缘碰到包含框或另一个浮动框的边框为止。
            由于浮动框不在文档的普通流中,所以文档的普通流中的块框表现得像浮动框不存在一样。</p>
        <p id="p2">浮动的框可以向左或向右移动,直到它的外边缘碰到包含框或另一个浮动框的边框为止。
            由于浮动框不在文档的普通流中,所以文档的普通流中的块框表现得就像浮动框不存在一样。</p>
        <div class="clearDiv"></div>
    </div>
</body>
</html>
```

图 6.130　代码片段

显示结果如图 6.131 所示。

图 6.131　效果图

从图 6.131 可看到想要的结果已经实现,但是这样的效果在页面中出现另外一个元素时会重新受到前两个元素被设置为浮动的影响。为了解决这个问题,有些人选择对布局中的所有东西进行浮动,然后使用适当的有意义的元素(常常是站点的页脚)对这些浮动进行清理。这有助于减少或消除不必要的标记。

第7章 JavaScript

7.1 JavaScript 概述

JavaScript(简称"JS")是一种具有函数优先的轻量级、解释型或即时编译型的编程语言。虽然它是作为开发 Web 页面的脚本语言而出名的,但是它也被用到了很多非浏览器环境中。JavaScript 基于原型编程、多范式的动态脚本语言,并且支持面向对象、命令式和声明式(如函数式编程)风格。

JavaScript 在 1995 年由 Netscape 公司的 Brendan Eich 在网景导航者浏览器上首次设计实现。因为 Netscape 与 Sun 合作,Netscape 管理层希望它外观看起来像 Java,因此取名为 JavaScript,但实际上它的语法风格与 Self 及 Scheme 较为接近。

JavaScript 的标准是 ECMAScript 。截至 2012 年,所有浏览器都完整地支持 ECMAScript 5.1,旧版本的浏览器至少支持 ECMAScript 3 标准。2015 年 6 月 17 日,ECMA 国际组织发布了 ECMAScript 的第 6 版,该版本正式名称为 ECMAScript 2015,但通常被称为 ECMAScript 6 或者 ES6。

1)组成部分

①ECMAScript,描述了该语言的语法和基本对象;

②文档对象模型(DOM),描述处理网页内容的方法和接口;

③浏览器对象模型(BOM),描述与浏览器进行交互的方法和接口。

2)基本特点

JavaScript 是一种属于网络的脚本语言,已经被广泛用于 Web 应用开发,常用来为网页添加各式各样的动态功能,为用户提供更流畅美观的浏览效果。通常,JavaScript 脚本是通过嵌入在 HTML 中来实现自身的功能的。

①是一种解释性脚本语言(代码不进行预编译);

②主要用来向 HTML(标准通用标记语言下的一个应用)页面添加交互行为;

③可以直接嵌入 HTML 页面,但写成单独的 js 文件,有利于结构和行为的分离;

④跨平台特性,在绝大多数浏览器的支持下,可以在多种平台下运行(如 Windows、Linux、Mac、Android、iOS 等);

⑤Javascript 脚本语言同其他语言一样,有它自身的基本数据类型、表达式、算术运算符及程序的基本程序框架。Javascript 提供了四种基本的数据类型和两种特殊数据类型用来处理数据和文字。而变量提供存放信息的地方,表达式则可以完成较复杂的信息处理;

⑥可以实现 web 页面的人机交互。

3）用途

①嵌入动态文本于 HTML 页面；
②对浏览器事件做出响应；
③读写 HTML 元素；
④在数据被提交到服务器之前验证数据；
⑤检测访客的浏览器信息；
⑥控制 cookies，包括创建和修改等；
⑦基于 Node.js 技术进行服务器端编程。

7.2　JavaScript 基础

7.2.1　使用

页面中使用 JavaScript 代码必须位于\<script\>标签内，如图 7.1 所示。

```
<script type="text/javascript">
    ......
</script>
```

图 7.1　代码片段

如图 7.1 所示，\<script\>标签包含 JavaScript 代码，而标签中的"type"属性进一步说明 \<script\>标签内的代码类型是 JavaScript 的代码，但是"type"属性并不是必要的，因为 JavaScript 本来是 HTML 中的默认脚本语言。

JavaScript 脚本代码可以放置在文档的任意位置，并且数量不限。一般情况下，我们 都是将 JavaScript 脚本代码放置在\<body\>标签和\<Head\>标签中，但是因为 HTML 是逐行 读取并展示的，所以越是靠前的 JavaScript 代码，越是先导入、先执行，这样可以获得和普 通 HTML 页面不同的效果。代码如图 7.2 所示。

还有另一种 JavaScript 脚本使用方法是引用。这种方式就是我们可以将 JavaScript 代 码全部放置在扩展名为".js"的文档中，通过\<script\>标签中的"src"属性将 JavaScript 代码 文档引用。代码如图 7.3 所示。

前面两种 JavaScript 使用方式各有利弊。第一种，将 JavaScript 代码与 HTML 放置在 一个文档中，优点是加载速度快，缺点是如果 JavaScript 代码太多太复杂将会使文档变得 非常难以阅读；第二种，将 JavaScript 代码单独放置于".js"文档中再由 HTML 文档读取时 调用。此方法优点是 JavaScript 代码与 HTML 分离更容易阅读与管理，缺点是加载速度相 较第一种方式要慢一些。

```
<!doctype html>
<html>
<head>
<meta charset="utf-8">
<title>JavaScript使用</title>

    <script type="text/javascript">
    ......
    </script>

</head>
<body>
    <script type="text/javascript">
    ......
    </script>
</body>
</html>
```

图 7.2 代码片段

```
<!doctype html>
<html>
<head>
<meta charset="utf-8">
<title>JavaScript使用</title>

    <script type="text/javascript">
    ......
    </script>
    <script src="myJs.js"></script>

</head>
<body>
    <script type="text/javascript">
    ......
    </script>
    <script src="myScript"></script>
</body>
</html>
```

图 7.3 代码片段

7.2.2 输出

这里需要明确一点的是，JavaScript 是不提供任何的与打印和显示相关的函数。也就是说，我们不能寄希望于 JavaScript 本身来实现直接的打印和显示执行结果，但是我们可以借助 JavaScript 在页面中写入新的 HTML 代码或者调用系统方法来实现结果显示。这里总结了常用的四种方案。

1）使用"windows.alter( )"方法

此种方法是在窗口状态下显示一个警告对话框，上面显示有指定的文本内容以及一个"确定"按钮，如图 7.4 所示。

```
<!doctype html>
<html>
<head>
<meta charset="utf-8">
<title>输出</title>
    <script type="text/javascript">
        window.alert("这是消息通知对话框");
    </script>
</head>
<body>
</body>
</html>
```

图 7.4　代码片段

执行效果如图 7.5 所示。

图 7.5　效果图

此种方法的好处是操作简单方便;缺点是此种警告对话框需要用户确认,并且还会阻止用户对浏览器窗口界面其他部位的操作。因此,我们应该尽量避免过多地使用此方法。

2)使用"document.write( )"方法

此方法如图 7.6 所示。

```
<!doctype html>
<html>
<head>
<meta charset="utf-8">
<title>输出</title>
    <script type="text/javascript">
        window.alert("这是消息通知对话框");
    </script>
</head>
<body>
    <h1>页面通知</h1>
    <p>请注意接下来页面的变化。</p>
    <script type="text/javascript">
        document.write("此为第二种消息通知");
    </script>
</body>
</html>
```

图 7.6　代码片段

其结果如图 7.7 所示。

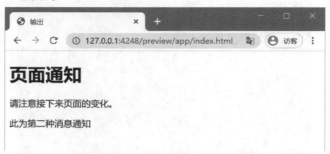

图 7.7　效果图

如上面实例,第二种输出方式不会像第一种那么生硬,但是它会在原有 HTML 代码的基础上增加新的代码内容。除了上面实例的情况还有第二种可能,如图 7.8 所示。

```html
<!doctype html>
<html>
<head>
<meta charset="utf-8">
<title>输出</title>
    <script type="text/javascript">
        window.alert("这是消息通知对话框");
    </script>
</head>
<body>
    <h1>页面通知</h1>
    <p>请注意接下来页面的变化。</p>
    <script type="text/javascript">
        document.write("此为第二种消息通知");
    </script>
    <button onClick="document.write('此为第二种消息通知方式的另一种表现')">确认</button>
</body>
</html>
```

图 7.8　代码片段

此实例显示结果如图 7.9 所示。

图 7.9　效果图

如图中显示的结果,当我们点击页面中"确认"按钮后,页面将更改为如图 7.10 所示。

图 7.10　效果图

如图 7.10 所示，点击"确认"按钮后将执行页面中的按钮事件。事件相关内容将在接下来的篇幅中介绍。当按钮事件被触发原有页面中的内容将全部被清除。此种方法不被推荐，很多情况只是在用作测试的时候才使用。

3）使用"innerHTML"方法

此种方法需要我们在页面中指定一个负责输出的元素，然后 JavaScript 通过修改该元素的属性来实现信息的显示，代码如图 7.11 所示。

```html
<!doctype html>
<html>
<head>
<meta charset="utf-8">
<title>输出</title>
    <script type="text/javascript">
        window.alert("这是消息通知对话框");
    </script>
</head>
<body>
    <h1>页面通知</h1>
    <p>请注意接下来页面的变化。</p>
    <script type="text/javascript">
        document.write("此为第二种消息通知");
    </script>
    <button onClick="document.write('此为第二种消息通知方式的另一种表现')">确认</button>
    <p id="alert">第三种信息输出</p>
    <script>document.getElementById("alert").innerHTML="这是第三种Js信息输出方式"</script>
</body>
</html>
```

图 7.11　代码片段

此实例浏览器输出结果如图 7.12 所示。

图 7.12　效果图

如图 7.12 所示，实例中"id"为"alert"的段落标签在 JavaScript 的操作下将原本的显示内容改为了新的指定内容。如果这样的方式还不太明确，我们可以将 JavaScript 代码嵌入按钮事件中，如图 7.13 所示。

```
<!doctype html>
<html>
<head>
<meta charset="utf-8">
<title>输出</title>
    <script type="text/javascript">
        window.alert("这是消息通知对话框");
    </script>
</head>
<body>
    <h1>页面通知</h1>
    <p>请注意接下来页面的变化。</p>
    <script type="text/javascript">
        document.write("此为第二种消息通知");
    </script>
    <button onClick="document.write('此为第二种消息通知方式的另一种表现')">确认</button>
    <p id="alert">第三种信息输出</p>
    <script>document.getElementById("alert").innerHTML="这是第三种Js信息输出方式"</script>
    <p id="notice">第三种信息输出方式</p>
    <button onClick="document.getElementById('notice').innerHTML='这是第三种Js信息输出方式'">确认</button>
</body>
</html>
```

图 7.13　代码片段

实例显示结果如图 7.14 所示。

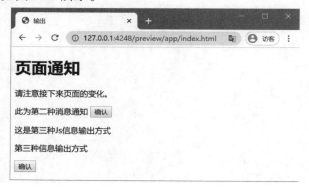

图 7.14　效果图

当页面中第二个按钮事件被触发后，页面的变化如图 7.15 所示。

图 7.15　效果图

此种方式除了使用"document. getElementById（id）"方法，也可以使用"document. getElementsByClassName（classname）"方法。

此种通过更改 HTML 元素的 innerHTML 属性来实现在 HTML 页面中显示数据的方法是最常用的方法，同时也是对页面影响最小的方法。

4）使用"console.log"方法

此方法有些奇特。它的信息是显示在控制台上的，所以此种方法对开发过程中的测试很有帮助。

该方法的语法为：console.log（massage），代码如图 7.16 所示。

```
<!doctype html>
<html>
<head>
<meta charset="utf-8">
<title>输出</title>
    <script type="text/javascript">
        window.alert("这是消息通知对话框");
    </script>
</head>
<body>
    <h1>页面通知</h1>
    <p>请注意接下来页面的变化。</p>
    <script type="text/javascript">
        document.write("此为第二种消息通知");
    </script>
    <button onClick="document.write('此为第二种消息通知方式的另一种表现')">确认</button>
    <p id="alert">第三种信息输出</p>
    <script>document.getElementById("alert").innerHTML="这是第三种Js信息输出方式"</script>
    <p id="notice">第三种信息输出方式</p>
    <button onClick="document.getElementById('notice').innerHTML='这是第三种Js信息输出方式'">确认</button>
    <script>
        console.log("第四种信息显示方式")
    </script>
</body>
</html>
```

图 7.16　代码片段

此实例显示结果如图 7.17 所示。

图 7.17　效果图

如图 7.17 所示，"console.log"方式在页面内并没有明显的改变。如果要将该方法中的信息显示就必须按 F12 功能键调出浏览器控制台,如图 7.18 所示。

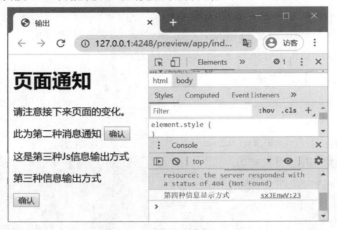

图 7.18 效果图

由此实例可以看出"console.log"方法做出来的信息显示在一个一般用户看似隐秘的地方,所以此方法也一般用于测试环境。

7.2.3 语句语法

1)语句

JavaScript 语句在 HTML 中就是由网络浏览器执行的指令。一般说来,一条语句就是一条 JavaScript 指令,而多条能完成一定功能的语句集合就称为程序。

JavaScript 语句由值、运算符、表达式、关键词和注释五部分构成。一般情况下,注释是注解性的、描述性的文字,对语句的执行或效果进行相关的说明。程序是由一组 JavaScript 语句按照顺序逐一执行。语句之间用分号进行分隔,为增加程序的中语句之间的可读性,可以将每条语句分别放置于不同的行。

在 JavaScript 中,语句通常通过某个关键词来标识需要执行的动作或称为操作。JavaScript 中保留的关键词见表 7.1。

表 7.1 JavaScript 中保留关键词

关键词	描述
break	终止 switch 或循环。
continue	跳出循环并在顶端开始。
debugger	停止执行 JavaScript,并调用调试函数(如果可用)。
do… while	执行语句块,并在条件为真时重复代码块。
for	标记需被执行的语句块,只要条件为真。

续表

关键词	描述
function	声明函数。
if⋯ else	标记需被执行的语句块,根据某个条件。
return	退出函数。
switch	标记需被执行的语句块,根据不同的情况。
try⋯ catch	对语句块实现错误处理。
var	声明变量。

表中的关键词是 JavaScript 中的保留词。保留词是不能用作变量名的。

2)语法

语法是一套语言规则。它定义了语言结构。

(1)值

JavaScript 语句中定义有两种类型值,分别是混合值和变量值。混合值又被称为字面量。变量值又被称为变量。

混合值书写规则:第一,小数点是可用的;第二,字符串用引号(单引号、双引号)括起来。

(2)变量

变量用于存储数据,并用"var"关键字进行申明,等号(=)用于对其赋值。

参考图 7.19 所示的实例。

```
<!doctype html>
<html>
<head>
<meta charset="utf-8">
<title>语法</title>
</head>
<body>
    <script>
        var x,y,z;
        x=1.2;y=1011;z="我是变量";
        document.write(x,y,z);
    </script>
</body>
</html>
```

图 7.19　代码片段

实例执行结果如图 7.20 所示。

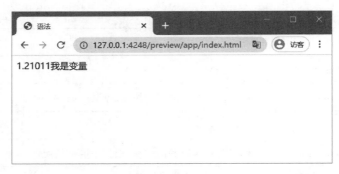

图 7.20　效果图

3）运算符

JavaScript 使用算术运算符加（+）、减（-）、乘（＊）、除（/）进行算术运算。

前面已经提到过了，JavaScript 使用等号（=）进行向变量赋值的操作。

4）表达式

表达式是值、变量和运算符的组合。计算结果也是值。

5）关键词

JavaScript 关键词用来标识被执行的动作。需要注意，关键词是 JavaScript 保留单词，在变量、函数等命名的时候是不能使用的。

6）注释

注释是所有编程语言中都不会被执行，但是不会被执行并不代表它不重要。注释虽然不被执行，但是它能让代码阅读者明白和理解代码的功能。

双斜杠"//"是单行注释的起始标识。双斜杠右边的内容为注释内容，不会被执行。

星斜杠"/＊……＊/"是多行注释的标识。星斜杠中间的内容全部为注释内容，不管中间内容有没有换行都是不被执行的。

注释如图 7.21 所示。

```html
<!doctype html>
<html>
<head>
<meta charset="utf-8">
<title>语法</title>
</head>
<body>
    <script>
        var x,y,z;//变量申明
        x=1.2;y=1011;z="我是变量";//变量赋值
        document.write(x,y,z);/*此行代码为结果显示,
        document.write括号中的参数有多个时用逗号进行分割*/
    </script>
</body>
</html>
```

图 7.21　代码片段

7）标识符

在 JavaScript 中，标识符一般用于命名，其主要作用就是对变量、函数还有标签等进行命名。我们也可以说变量、函数、标签等的名称就是标识符。为区别数值和标识符，标识符的首字符不能是数字，可以是字母、下划线或美元符号。JavaScript 中标识符对大小写敏感。

8）字符集

JavaScript 使用的是 Unicode 字符集。Unicode 字符集覆盖了几乎世界上所有的字符、标点和符号，所以我们不用太过于担心页面会出现乱码的问题。

7.2.4 数据类型

JavaScript 中所谓的数据类型，其实就是将可能会用到的数据按照一定的标准进行分类的结果。不同数据类型数据之间是有类型隔离。也就是说，数据类型不同是不能进行计算和操作的。

1）常用类型

JavaScript 常用的数据类型有字符型、数值型、布尔型、数据和对象等，如图 7.22 所示。

```
<script>
    var len=5;                                  //数字
    var name="kat";                             //字符串
    var dog=["aa","bb","cc"];                   //数组
    var x={lstName:"kai",LastName:"jack"};      //对象
</script>
```

图 7.22 代码片段

2）动态类型

JavaScript 拥有动态类型，也就是说，相同的变量可以用作不同的数据类型，如图 7.23 所示。

```
<script>
    var x;              //未阐明类型
    var x=7;            //数值型
    var x="jack";       //字符串型
</script>
```

图 7.23 代码片段

7.2.5 变量与赋值

1）变量

在 JavaScript 中，变量是存放数据的容器，如图 7.24 所示。

图 7.24　代码片段

如此实例所示,x、y、z 即是变量。

2)赋值

如前面的实例所示,变量与数值之间的等号便是赋值运算符。

7.2.6　运算符

1)赋值运算符

赋值运算符的作用就是把值赋给变量。赋值运算符见表 7.2。

表 7.2　赋值运算符

运算符	例子	等同于
=	x = y	x = y
+=	x += y	x = x + y
−=	x −= y	x = x − y
* =	x * = y	x = x * y
/=	x /= y	x = x / y
% =	x % = y	x = x % y
<<=	x <<= y	x = x << y
>>=	x >>= y	x = x >> y
>>>=	x >>>= y	x = x >>> y
& =	x & = y	x = x & y
^=	x ^= y	x = x ^ y
| =	x | = y	x = x | y
* * =	x * * = y	x = x * * y

2)算术运算符

JavaScript 中算术运算符用于对数字的计算。JavaScript 算术运算符见表 7.3。

表 7.3 算术运算

运算符	描述
+	加法
−	减法
*	乘法
/	除法
%	系数
++	递加
−−	递减

3）字符运算符

字符运算符也就是字符串运算符,运算符号为"+"。使用字符运算符可以将字符、字符串进行连接,代码如图 7.25 所示。

```
<script>
    var txt1="day";
    var txt2="Good";
    var txt3=txt2+txt1;
</script>
```

图 7.25 代码片段

该实例的运算结果是"Goodday"。字符运算符就是将两个字符或者字符串进行拼接。如果想将实例中的两个词不是组合成一个词而是一个词组,我们就可以在中间加上一个空格,代码如图 7.26 所示。

```
<script>
    var txt1="day";
    var txt2="Good";
    var txt3=txt2+txt1;
    var txt4=txt2+" "+txt1;
</script>
```

图 7.26 代码片段

4）比较运算符

比较运算符多数是双目运算符,也就是运算符的左右两边需要两个待操作的对象。比较运算符将其左右的两个对象进行比较,然后返回结果"true"或者"false"。JavaScript中比较运算符见表 7.4。

表 7.4　比较运算符

运算符	描述
= =	等于
= = =	等值等型
! =	不相等
! = =	不等值或不等型
>	大于
<	小于
>=	大于或等于
<=	小于或等于
?	三元运算符

下面以一个实例来说明它们相关的用法。首先给定一个变量 X, X = 5, 运算实例见表 7.5。

表 7.5　比较运算示例

运算符	描述	比较	返回
= =	等于	x = = 8	false
		x = = 5	true
		x = = "5"	true
= = =	值相等并且类型相等	x = = = 5	true
		x = = = "5"	false
! =	不相等	x ! = 8	true
! = =	值不相等或类型不相等	x ! = = 5	false
		x ! = = "5"	true
		x ! = = 8	true
>	大于	x > 8	false
<	小于	x < 8	true
>=	大于或等于	x >= 8	false
<=	小于或等于	x <= 8	true

5）逻辑运算符

表 7.6　逻辑运算符

运算符	描述
&&	逻辑与
||	逻辑或
!	逻辑非

　　如表 7.6 所示，逻辑运算包括逻辑与运算、逻辑或运算和逻辑非运算。它们的执行规则分别是：逻辑与运算的运算符两边都为"true"，则结果为"true"；逻辑或运算的运算符任意一边为"false"，则结果为"false"，两边同时为"true"，结果才能是"true"；逻辑非运算是将对应的逻辑值取反。

　　假定两个变量 x、y，x＝6，y＝3，表 7.7 解释了相应的逻辑运算。

表 7.7　逻辑运算示例

运算符	描述	例子
&&	与	（x < 10 && y > 1）为 true
||	或	（x == 5 || y == 5）为 false
!	非	!（x == y）为 true

6）类型运算符

表 7.8 介绍了类型运算符的功能。

表 7.8　类型运算符功能介绍

运算符	描述
typeof	返回变量的类型。
instanceof	返回 true，如果对象是对象类型的实例。

7）位运算符

　　位运算符是用来处理 32 位数的，所有在运算符两边的对象都会首先转换为 32 位的数，然后执行运算，最后将结果又转换为原本的数据类型。位运算符见表 7.9。

表 7.9 位运算符

运算符	描述	例子	等同于	结果	十进制
&	与	5 & 1	0101 & 0001	0001	1
|	或	5 | 1	0101 | 0001	0101	5
~	非	~ 5	~0101	1010	10
^	异或	5 ^ 1	0101 ^ 0001	0100	4
<<	零填充左位移	5 << 1	0101 << 1	1010	10
>>	有符号右位移	5 >> 1	0101 >> 1	0010	2
>>>	零填充右位移	5 >>> 1	0101 >>> 1	0010	2

上面实例使用的是 4 位无符号数。但是 JavaScript 中实际使用 32 位有符号数。因此,在 JavaScript 中,"~ 5"不会返回"10",而是返回"-6"。" ~ 0000000000000000000000000000101"将返回"11111111111111111111111111111010"。

7.2.7 函数

JavaScript 为提高代码的可读性和可维护性,提高代码的利用率,将具有一定功能或者意义的代码段或称为代码块独立出来。这种独立出来具有一定功能或者意义的代码便称之为函数。函数在被调用时才会被执行。

1)函数语法

JavaScript 函数以"function"关键词开始定义,后面紧跟函数名和括号。代码如图 7.27 所示。

图 7.27 代码片段

JavaScript 中函数的基本结构如图 7.27 所示。函数名可以是包含字母、数字、下划线和美元符号。圆括号中包含的是函数参数,并用逗号进行分隔。一个函数可以有多个参数,也可以没有参数,所以参数并不是必要的。这主要是根据函数的运行是否需要外部提供数据而定的。函数参数是调用函数时由函数接收的真实值,实例代码如图 7.28所示。

```
function myFun(p1,p2){
    return p1+P2;
}
```

图 7.28　代码片段

2）函数调用

函数一般情况是不会自己执行的，只有在别的代码调用函数时才会被激活执行，实例代码如图 7.29 所示。

```
var x=myfuncation(5,9);

function myfuncation(a,b){
    return a*b;
}
```

图 7.29　代码片段

函数一般会在下面的情况被调用执行：
- 当事件发生时；
- 当代码调用时；
- 自调用时。

3）函数返回

在 JavaScript 中，如果函数执行完后需要返回则需要将函数返回，这时候就需要用到返回命令语句"return"。此语句可让函数停止执行，同时也能将函数中的执行结果传送回调用的代码，实例代码如图 7.30 所示。

```
var y=myFun(1,9);

function myFun(p1,p2){
    return p1+P2;
}
```

图 7.30　代码片段

在此实例中，第一行的代码是主代码，它调用了函数"myfun"。函数"myfun"内部执行的是将参数"p1"和参数"p2"中的值进行加法运算，并将运算结果通过返回命令语句"return"传回到调用代码中进行后续执行。

7.2.8　事件

事件是发生在某处的事情。比如发生在网页中的事情就是网页事件，而当 HTML 页面中使用了 JavaScript 后，它就能将这些事件抓住并利用。实例代码如图 7.31 所示。

如上面实例，JavaScript 获取了按钮的点击事件，并在事件之后在段落<p>标签中显示出当前时间。常见的 HTML 事件见表 7.10。

```
<!doctype html>
<html>
<head>
<meta charset="utf-8">
<title>事件</title>
</head>

<body>
    <p id="time"></p>
    <button onClick="document.getElementById('time').innerHTML=Date()">获取当前时间</button>
</body>
</html>
```

图 7.31　代码片段

表 7.10　常用 HTML 事件

事件	描述
onchange	HTML 元素已被改变
onclick	用户点击了 HTML 元素
onmouseover	用户把鼠标移动到 HTML 元素上
onmouseout	用户把鼠标移开 HTML 元素
onkeydown	用户按下键盘按键
onload	浏览器已经完成页面加载

第8章 网页表单

页面表单主要用于搜集不同类型的用户输入,它是一个网站和访问者交互的通道。表单可以用来在网页中发送数据。表单本身是没有什么意义,它需要编写一个程序来处理表单中的数据。如果这样的程序是放在浏览器中执行,就需要用到前面所涉及的 JavaScript 相关知识。除此之外,程序还可以放在网站服务器中,通过将表单中数据传输到服务器中计算后再传回访问者浏览器呈现。这里主要介绍客户端浏览器页面表单及简单程序的创建和制作。

8.1 表单创建与属性

8.1.1 创建

我们可以使用 HTML 的<form>标签来定义一个表单,如图 8.1 所示。

```
<!doctype html>
<html>
<head>
<meta charset="utf-8">
<title>表单创建</title>
</head>

<body>
    <!-创建一个页面表单->
    <form>
    </form>
</body>
</html>
```

图 8.1 代码片段

当我们在空白页面中加入了表单<form>标签,即创建了一个页面表单,但是浏览器中看不到什么改变。这是因为表单标签<form>只是一个标识,要让浏览器真正显示出内容还需要添加实质性的元素。这样的元素通常有<input>、<select>、<textarea>、<button>四种元素,在新的 HTML5 中新加入了<datalist>元素。

8.1.2 属性

<form>标签的属性见表 8.1。

表 8.1   <form>标签的属性

属性	描述
accept-charset	规定在被提交表单中使用的字符集(默认:页面字符集)。
action	规定向何处提交表单的地址(URL)(提交页面)。
autocomplete	规定浏览器应该自动完成表单(默认:开启)。
enctype	规定被提交数据的编码(默认:url-encoded)。
method	规定在提交表单时所用的 HTTP 方法(默认:GET)。
name	规定识别表单的名称(对于 DOM 使用:document.forms.name)。
novalidate	规定浏览器不验证表单。
target	规定 action 属性中地址的目标(默认:_self)。

<form>标签的 Action 属性定义了页面中表单在提交时执行的操作。通常情况,向服务器提交表单需要使用提交按钮。该属性可以省略,如果省略 action 属性将默认为当前页面。

表单的 Method 属性用来定义提交表单的时候使用的 HTTP 方法。HTTP 方法有两种,一种是 GET,另一种是 POST。HTTP 的 GET 方法是表单被动提交的,表单中的数据在页面地址栏中是可见的,所以不能包含敏感信息。GET 方法适合数据量较少且不包含敏感信息的表单提交时使用。POST 方法相对 GET 方法在保密性上就要好得多,因为传送的数据在页面地址栏是不可见的,所以当我们制作类似登录表单的时候最好采用 POST 方法。

Name 属性的作用主要是在要同时提交多个字段数据的时候用它来对每个字段进行命名,方便接收表单方能准确地识别提交的数据内容。

8.2   常用表单元素

8.2.1   <input>元素

<input>元素是表单中常用也是非常重要的一个组件元素。可以通过设置元素的 type 属性来实现<input>元素的多形态变换。

8.2.2   <select>元素

下拉列表<select>元素可以在表单内定义一个下拉选项列表,实例代码如图 8.2 所示。

```
<!doctype html>
<html>
<head>
<meta charset="utf-8">
<title>Select元素</title>
</head>
<body>
    <form><!-页面创建表单->
        <select name="demoselect"><!-下拉列表元素->
            <option title="选项1" value="值1">选项1</option><!-下拉列表选项，提交值为"值1"->
            <option title="选项2" value="值2">选项2</option><!-下拉列表选项，提交值为"值2"->
            <option title="选项3" value="值3">选项3</option><!-下拉列表选项，提交值为"值3"->
        </select>
    </form>
</body>
</html>
```

图 8.2　代码片段

从此实例可以看出，<select>下拉列表元素为单选列表，<option>元素为列表中的待选项，表单提交时会将选中项的对应"value"属性的值上传。我们可以在<option>元素中添加"selected"属性，该属性是将所设定的<option>元素在下拉列表中配置为默认选择项。需要注意的是，"selected"属性是没有值的，实例代码如图 8.3 所示。

```
<!doctype html>
<html>
<head>
<meta charset="utf-8">
<title>Select元素</title>
</head>
<body>
    <form><!-页面创建表单->
        <select name="demoselect"><!-下拉列表元素->
            <option title="选项1" value="值1" selected>选项1</option><!-下拉列表选项，提交值为"值1"->
            <option title="选项2" value="值2">选项2</option><!-下拉列表选项，提交值为"值2"->
            <option title="选项3" value="值3">选项3</option><!-下拉列表选项，提交值为"值3"->
        </select>
    </form>
</body>
</html>
```

图 8.3　代码片段

一般来说，一个<select>下拉列表元素中有且只有一个默认选项。

8.2.3　<textarea> 元素

<textarea>元素用于在表单中定义一个多行文本输入区域，实例代码如图 8.4 所示。

```
<!doctype html>
<html>
<head>
<meta charset="utf-8">
<title>多行文本输入区</title>
</head>
<body>
    <from><!-页面表单->
        <!-多行文本输入区域，宽30个字符，高20个字符->
        <textarea cols="30" rows="20">请输入您的内容</textarea>
    </from>
</body>
</html>
```

图 8.4　代码片段

从此实例可以看出，表单用<textarea>元素定义了一个高20字符、宽30字符的一个多行文本输入区域。直接设置<textarea>元素的高宽值使用的是"cols"和"rows"属性，但是这样的操作并不是我们所推荐的，可通过 CSS 样式表中的"height"和"width"属性来设置它的占用面积大小。<textarea>元素的其他属性见表 8.2。

表 8.2   <textarea>元素属性

属性	值	描述
autofocus	autofocus	规定在页面加载后文本区域自动获得焦点。
cols	*number*	规定文本区内的可见宽度。
disabled	disabled	规定禁用该文本区。
form	*form_id*	规定文本区域所属的一个或多个表单。
maxlength	*number*	规定文本区域的最大字符数。
name	*name_of_textarea*	规定文本区的名称。
placeholder	*text*	规定描述文本区域预期值的简短提示。
readonly	readonly	规定文本区为只读。
required	required	规定文本区域是必填的。
rows	*number*	规定文本区内的可见行数。
wrap	Hard/soft	规定当在表单中提交时，文本区域中的文本如何换行。

8.2.4 <button> 元素

<button>元素用来在表单中创建一个可点击的按钮元素，实例代码如图 8.5 所示。

```
<!doctype html>
<html>
<head>
<meta charset="utf-8">
<title>表单按钮</title>
</head>
<body>
    <!-页面表单->
    <form>
        <!-显示文字为"按钮"的按钮->
        <button>按钮</button>
    </form>
</body>
</html>
```

图 8.5 代码片段

此实例中的按钮点击后并不会有什么变化，因为我们没有对它做更多的属性配置。<button>元素的属性见表 8.3。

表 8.3 <button>元素属性

属性	值	描述
autofocus	autofocus	规定当页面加载时按钮应当自动地获得焦点。
disabled	disabled	规定应该禁用该按钮。
form	*form_name*	规定按钮属于一个或多个表单。
formaction	*url*	覆盖 form 元素的 action 属性。 **注释**:该属性与 type＝"submit" 配合使用。
formenctype	见注释	覆盖 form 元素的 enctype 属性。 **注释**:该属性与 type＝"submit" 配合使用。
formmethod	· get · post	覆盖 form 元素的 method 属性。 **注释**:该属性与 type＝"submit" 配合使用。
formnovalidate	formnovalidate	覆盖 form 元素的 novalidate 属性。 **注释**:该属性与 type＝"submit" 配合使用。
formtarget	· _blank · _self · _parent · _top · *framename*	覆盖 form 元素的 target 属性。 **注释**:该属性与 type＝"submit" 配合使用。
name	*button_name*	规定按钮的名称。
type	· button · reset · submit	规定按钮的类型。
value	*text*	规定按钮的初始值。可由脚本进行修改。

　　<button>元素的"type"属性有三个值,分别是"button"按钮(IE 浏览器默认值)、"reset"重置按钮(清除表单数据)、"submit"提交按钮(除 IE 浏览器外,其他浏览器的默认值)。

　　除了表 8.3 中的属性外,<button>元素还可以配置事件属性,最常用的就是"onclick"属性,实例代码如图 8.6 所示。

　　此实例中,<button>元素的"onclick"属性配置了一段 JavaScript 弹出对话框代码。用户点击按钮后,页面将出现一个对话框并显示"你点击的是表单按钮元素"的文字内容。

```
<!doctype html>
<html>
<head>
<meta charset="utf-8">
<title>表单按钮</title>
</head>
<body>
    <!-页面表单->
    <form>
        <!-显示文字为"按钮"的按钮->
        <button onClick="alert('你点击的是表单按钮元素')">按钮</button>
    </form>
</body>
</html>
```

图 8.6　代码片段

8.3　实例：登录验证表单

因为本书所涉及知识内容主要为网站设计前端部分，因此本实例仅介绍使用 JavaScript 语言完成特定用户的登录验证。此实例仅仅是向读者展示登录表单的制作以及通过编写 JavaScript 程序模拟用户登录效果，其真实的情况是需要将页面表单数据提交远端的服务器验证，然后返回验证结果并在页面中展示。

本实例需要用到两个页面，一个为登录认证表单页面，另一个是登录成功跳转页面。登录认证表单页面命名为"FormDemo.html"，登录成功跳转页面命名为"LoginSuccess.html"。

首先，在登录认证表单页面中添加一个 id 为"LoginDiv"的块，方便后面通过 CSS 样式表对其进行设置。接下来在块中添加 id 为"Loginform"的表单元素，如图 8.7 所示。

```
<body>
    <div id="LoginDiv">
        <form id="LoginForm">
            <table id="FormTable"> <tr...
        </form>
    </div>
</body>
```

图 8.7　代码片段

因为此页面就是一个简单的登录表单，所以页面结构很简单。在今后复杂的网站设计中，我们可以将此页面嵌入别的需要登录操作的页面中，或者是保持初始设计以独立页面呈现。为了达到既可以嵌套又可以独立展示的效果，这里就需要将 id 为"LoginDiv"的块进行 CSS 样式表设置，代码如图 8.8 所示。

```
#LoginDiv{
    width: 300px;
    height: 150px;
    border: 1px black solid;
}
```

图 8.8　代码片段

上面的样式表是直接写在页面的<head>标签区域内，使用<style>标签进行包裹。登录表单块"LoginDiv"被设置为长 300 像素，宽 200 像素，并将边框设置为 1 个像素黑色单实线。

常规的登录功能需要用到用户名输入、密码输入和输入确认按钮这几个功能组件。为了便于在登录表单块中布局这些组件,我们可以分别将它们放在一个表格的不同单元格中。这样设计的好处就是方便文本和组件的对齐,让页面看着规整。为了让用户明白当前页面的重要功能,可以在表格元素的前面添加一个标题,代码如图8.9所示。

```
<div id="LoginDiv">
    <form id="LoginForm">
        <h3 id="LoginFormTitle">用户登录</h3>
        <p id="ErrorMessage"></p>
        <table id="FormTable">
            <tr> <td class="TdTitleTex...
            <tr> <td class="TdTitleTex...
            <tr> <td> <button type="su...
        </table>
    </form>
</div>
```

图8.9 代码片段

这里为了方便后期将验证错误的信息展示,所以在标题和表格之间再加入了一个空段落元素“ErrorMessage”。

表格可以使用一个三行两列的表格,第一行放置文本“用户名”及输入组件,第二行放置文本“密码”及输入组件,第三行放置“确认”“取消”按钮。输入组件都使用<input>元素,不同的是因为第二行的密码可以将<input>元素的“type”属性设置为“password”。这样设置之后,在密码输入框中我们看到的就是用字符“＊”代替真实输入的内容,当然也可以将其设置为普通的“text”,只不过会让用户觉得安全性不高。第三行放置两个<button>元素,其中左边一个“type”属性设置为“submit”或者“button”,右边设置为“reset”,并在按钮上显示文本左边为“确定”,右边为“取消”。代码如图8.10所示。

```
<table id="FormTable">
    <tr>
        <td class="TdTitleText">
            用户名
        </td>
        <td>
            <input type="text">
        </td>
    </tr>
    <tr>
        <td class="TdTitleText">
            密码
        </td>
        <td>
            <input type="password">
        </td>
    </tr>
    <tr>
        <td colspan="2" id="TdButton">
            <button type="submit" onClick="">确定</button>
              
            <button type="reset">取消</button>
        </td>
    </tr>
</table>
```

图8.10 代码片段

到此,表单就初见雏形,如图 8.11 所示。

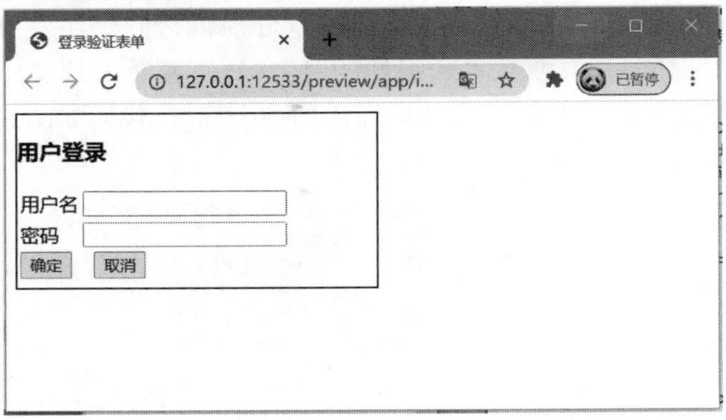

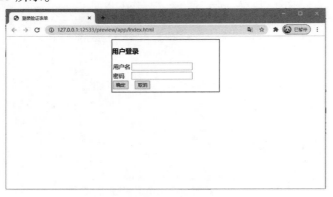

图 8.11　效果图

从图 8.11 中可以看出,整个表单处在整个页面的左上角,而且标题文字也是在黑色方框区域靠左的位置,最下面的按钮也是左对齐排列。两个按钮中间加入了不换行空格 " ",这样才能让两个按钮之间有一定的间隔空间,避免引起用户的误解。

接下来,我们将通过设置 CSS 样式表对表单进行深化的排版设置。首先是让黑色框线区域设置到页面中部区域,可以在 id 为"LoginDiv"的 DIV 块 CSS 样式表中设置 "margin"属性,代码如图 8.12 所示。

```
#LoginDiv{
    width: 300px;
    height: 150px;
    border: 1px black solid;
    margin:0 auto;
}
```

图 8.12　代码片段

效果如图 8.13 所示。

图 8.13　效果图

总体布局出来后,接下来就进行内部的细节设置。首先就是对标题的居中处理。因为标题是在表单元素的里面、表格元素的外面,所以可以对表格以外元素的"test-align"属性设置为"center"。因为这里的"text-align"属性是能够被子元素继承的。

```
#LoginForm{
    text-align: center;
}
```

图 8.14　代码片段

通过对 id 为"LoginFrom"元素的"text-align"属性的设置,图 8.14 所示的代码实现了如图 8.15 所示的效果。

图 8.15　效果图

从图 8.15 可以看出,文字在各自所在的父级元素中实现了居中对齐,但是表格并没有,且表格没有填满父级 id 为"LoginDiv"的块。如果要将其横向占满父级块的横向宽度,我们需要对表格的宽度进行设置,最简单的就是将宽度属性"width"设置为"100%",然后将表格第一列设置为右对齐,代码如图 8.16 所示。

```
.TdTitleText{
    width: 80px;
    text-align: right;
}
```

图 8.16　代码片段

实现效果如图 8.17 所示。

图 8.17　效果图

最后是错误提示文本,因为在父级块元素中已经将"text-align"属性设置为居中,为了让错误信息更加有提示效果,所以可以将段落的文字颜色"color"设置为"red",再将段落的行高设置为一个固定值,如"12px",代码如图 8.18 所示。

```
#ErrorMessage{
    color: red;
    line-height: 12px;
}
```

图 8.18　代码片段

但是当我们测试运行后会发现效果和我们所期待的有所不同,如图 8.19 所示。

图 8.19　效果图

出现这种情况时,我们就需要调整错误提示行的行高,或者是标题行的高度,最直接的方法是调整块的宽度,代码如图 8.20 所示。

```
#LoginDiv{
    width: 300px;
    height: 160px;
    border: 1px black solid;
    margin:0 auto;
}
#LoginFormTitle{
    line-height: 12px;
}
#ErrorMessage{
    color: red;
    line-height: 8px;
}
```

图 8.20　代码片段

最终效果如图 8.21 所示。

图 8.21　效果图

正常情况下,我们将错误提示行文本默认用不换行空格" "占位,就可以实现文本隐藏。版式设计完后,我们就可以开始进行 JavaScript 代码编写。这里我们需要实现的效果是点击"确定"按钮后对用户名文本输入框和密码文本输入框的内容进行验证。如果验证通过,则页面跳转到之前创建好的"LoginSuccess.html"页面,否则就在错误提示文本行中显示出错误原因,如"用户不存在"表示用户名错误,或者"密码错误"。因为这里仅仅是前端模拟登录验证,所以不太可能支持太多用户的验证。本实例中,管理员账户名为"admin",密码为"admin123321"。我们可以将登录验证写成一个 JavaScript 验证函数,然后当点击表单页面中的确定按钮时执行它。首先在表单页面的\<head\>区域内添加一个\<script\>标签,创建一个名为"DengLuYanZheng"的函数。代码如图 8.22 所示。

```
<script>
    function DengLuYanZheng(){

    }
</script>
```

图 8.22　代码片段

　　从此代码中可以看出设置的验证函数有零个参数,说明本函数的执行不依赖外部数据的支持。接下来就是将表单页面中输入的用户名和密码文本内容分别获取并进行运算。代码如图 8.23 所示。

```
<script>
    function DengLuYanZheng(){
        var UserName=document.getElementById("YongHuMing").value;
        var UserPwd=document.getElementById("MiMa").value;
    }
</script>
```

图 8.23　代码片段

　　上面代码中获取页面元素中的信息使用了 HTML 的文档对象模型 DOM。为了在DOM 方法中更方便地获取到相应元素的指定部分的值,就对用户名和密码输入文本框分别设置 id。代码如图 8.24 所示。

```
            <input type="text" id="YongHuMing"/>
        </td>
    </tr>
    <tr>
        <td class="TdTitleText">
            密   码
        </td>
        <td>
            <input type="password" id="MiMa"/>
```

图 8.24　代码片段

　　在获取到输入内容后,就可以使用判断函数对输入的内容和前面设定的正确内容进行比对判断,代码如图 8.25 所示。

```
<script>
    function DengLuYanZheng(){
        var UserName=document.getElementById("YongHuMing").value;
        var UserPwd=document.getElementById("MiMa").value;
        //判断用户名
        if(UserName=="admin"){
            //判断密码
            if(UserPwd=="admin123321"){
                //页面跳转到LoginSuccess.html页面
                window.location.href="\8.3.1LoginSuccess.html";
            }
            else{
                document.getElementById("ErrorMessage").innerHTML="密码错误! ";
            }
        }
        else{
            document.getElementById("ErrorMessage").innerHTML="用户名不存在! ";
        }
    }
</script>
```

图 8.25　代码片段

接下来就给这个函数设置一个触发条件,在表单中的"确定"按钮添加一个"onClick"属性并设置值为"DengLuYanZheng()",也就是前面编写的 JavaScript 函数的函数名。

代码如图 8.26 所示,添加完函数后就可以完整模拟出登录验证的过程了。

```
<button type= "button" onClick="DengLuYanZheng()">确定</button>
```

图 8.26　代码片段

参考文献

［1］智云科技.Dreamweaver CC 网页设计与制作［M］.北京:清华大学出版社,2014.

［2］郑娅峰,张永强.网页设计与开发［M］.北京:清华大学出版社,2016.

［3］孙甲霞,等.HTML5 网页设计教程［M］.北京:清华大学出版社,2017.

［4］耿国华.网页设计与制作［M］.北京:高等教育出版社,2010.

［5］李晓东,聂利颖.Dreamweaver CC 网页制作案例教程［M］.北京,清华大学出版社,2016.

［6］胡秀娥.完全掌握网页设计和网站制作［M］.北京,机械工业出版社,2014.